DRONES

드론촬영
편집실무

크라운출판사
http://www.crownbook.com

저자약력

김 양 희

- 홍익대학교 광고홍보대학원 광고홍보 석사 전공
- 삼성전자판매주식회사 마컴그룹 마케팅디자인
- 코스메틱브랜드 브랜딩기획
- 항공촬영 및 영상컨텐츠 개발
- 드론 항공촬영 미디어교육 강의
- 항공측량 및 실무 교육강의
- 자동차 및 각종 행사, 홍보영상 기획 제작
- 초경량무인항공기장치 사용사업 등록
- 제품 TV CF 광고 다수 기획제작
- 디자인&미디어 제이랩 대표

머리말

최근 중국 및 선진국을 중심으로 여러 나라의 하늘에는 항공기술 마이크로집합체의 산물인 드론들이 종횡무진하며 새로운 산업과 엔터테인먼트를 비롯하여 다양한 방면에서 활용되고 있다.

인간이 비행을 할 수 있었던 이후 불과 100년이 흘렀지만 그 기술과 응용산업분야의 발달은 그 시간의 배의 속도로 발전하고 있으며 이에 발맞추기 위해 행정기관의 제한과 제도도 안간힘을 쓰며 발전하고 있다.

현재 우리나라 드론은 항공법에서 명기한 대로 초경량무인항공기류에 속하며 그에 따른 법과 제도 아래에 놓여 있다. 안전만 확보된다면 드론은 보다 다양하고 개성 있는 콘텐츠 크리에이터로써 활발히 쓰이고 활용될 것이다.

집필에 앞서 필자는 드론의 다양한 활용 중 콘텐츠 생산매체로써의 드론운영부터 콘텐츠 생산방법까지 정리하고자 한다. 1980년대부터 미디어 기술과 장비 발전이 본격화되면서 수십 종류의 미디어 형태가 나타나기 시작했다. 2017년 현재 우리는 우리가 상상하지도 못한 다양한 미디어의 세계 속에 들어와 있으며, 많은 미디어들이 우리의 눈과 가슴을 감동시키고 있다. 이러한 상황 속에서 드론의 미디어생산자적 역할은 지난 세월보다 훨씬 더 많아지고 효율적으로 발전하게 될 것이다.

미디어의 가장 두드러진 형태인 영상은 관련 장비들의 꾸준한 발달로 발전해왔으며, 최근에는 드론의 항공영상기술이 고도화 및 대중화되면서 영상작품의 시·지각적 변화를 이전보다 간편하게 적용할 수 있게 되었다.

필자는 초경량무인항공기 드론을 이용하여 유튜브 등에서 누구나 볼 수 있는 양질의 항공 영상을 쉽게 제작할 수 있도록 드론 활용법에 그치지 않고 촬영한 영상들을 이용하여 영상 제작 기본과정까지 함께 안내하였다. 따라서 본 도서를 일독하면 손쉽게 드론을 이용한 자신만의 멋진 영상콘텐츠를 만들 수 있다.

끝으로 이 책을 위해 도움주신 퍼니라이프 김형태님, DJI 오너스그룹, 드론항공 촬영 작가 고민홍님, 박정석님, 김영남님, 김민성 감독님께 진심으로 감사드린다.

김양희 씀

차례

CONTENTS

Chapter 1

Drone(드론)의 이해

군사용 무인항공기(미공군)

1980년대 미국에서 본격 개발되기 시작한 드론은 당시엔 정보 수집과 정찰을 목적으로 만들어졌다. 2010년을 넘어오면서 드론은 군수목적에서부터 민간 레저분야까지 다양하게 변화되며 기술 집적화 및 소형화를 이루어 왔다.

"사람이 타지 않고 동력을 갖추어 양력으로 비행하는 장치 시스템" 드론

01 드론의 의미

드론이란 사람이 탑승하지 않는 항공기의 일종으로 'Drone(드론)'이란 명칭은 드론이 비행할 때 나는 소리가 벌이 날아다니며 내는 윙윙 소리와 비슷하다고 하여 붙여졌다.

드론은 항공법 시행규칙(2016.8.19.)에 사람이 타지 않는 무인시스템이며 동력비행장치를 갖추어 회전익에서 양력을 얻어 비행하는 무인비행장치라고 설명하고 있다.

최근 드론과 유사한 회전익(프로펠러 회전)을 가지고 성인 1명 정도가 탈 수 있는 드론 형태의 시스템이 종종 개발되고 있는데 이것은 무인비행장치인 드론이라기보다 경량항공기나 회전익비행장치에 속한다고 볼 수 있다.

성인 1명이 탈 수 있는 유인드론 이항184
출처 : www.ehang.com

02 드론종류 및 비행원리

드론의 종류

❖❖ 사용목적에 따른 구분 ❖❖

• 군사용
- 적지의 탐지/탐색, 조사, 관측과 화력무기들을 운반하는 등 군사적 목적으로 개발된 드론
- 주로 군 기관과 보안관련 기관에서 운영하며 고성능 카메라와 장거리 비행능력, 빠른 비행속도, 첨단통신기능을 장착하고 있다.

• 관측용
- 기상관측, 지형관측, 해수면 관측, 산림관측 등 연구조사의 목적으로 개발된 드론
- 오랜 비행시간을 자랑하며 자기위치추적, 고성능 카메라, 원거리 통신기능을 갖추고 있다.

• 미디어용
- 영상제작을 위한 항공영상 촬영, VR 촬영, 영화시네 촬영용으로 개발된 드론
- 그리 길지 않은 비행시간을 가지고 있지만 촬영을 위해 별도의 다양한 카메라나 캠 등을 추가로 장착할 수 있다. 비행이 매우 안정적이고 많은 센서를 가지고 있어 초보자도 어렵지 않게 다룰 수 있다.

• 응급용
- 응급 시 현장에 우선 도달하여 각종 현장 상태를 실시간으로 의료기관에 송신하여 현장에서 응급처치를 할 수 있게 도와주고 환자가 병원에 도착 시 빠른 치료가 가능하도록 의료진들로 하여금 미리 준비할 수 있도록 한다. 그 밖에 소방서에서 주로 운용되는 화재현장 관측용과 사람이 들어가지 못하는 야산 화재 진압을 위한 화재소방용 드론도 있다.

• 농업용
- 넓은 구역에 이르는 농지나 농작물을 재배, 관리하기 위한 드론
- 기체 자체에 농약을 장착하여 농지 위를 비행하며 농약을 뿌린다. 기존에 사람이나 농약용 헬기보다 시간과 비용을 큰 폭으로 절감시켰다. 농약분사용, 농지관측용 등으로 쓰인다.

• 레이싱용
- 오로지 스피드만을 위해 만들어진 드론으로 고속을 위해 몸집도 다른 드론보다 작고 가볍다.
- 기체가 FC(Flight Controller, 컨트롤 보드)와 전방주시용 작은 카메라, 배터리, 고성능 모터 등으로만 구성되어 있어 빠른 스피드와 견고한 내구성을 자랑한다. 현재 체공시간은 약 5분~7분 내외이며 몇 번이고 부딪혀도 큰 손실이 나지 않는 것이 특징이다.

⁝ 형태에 따른 구분 ⁝

　무선비행장치 드론과 헬기는 강력한 모터와 모터에 연결된 프롭을 회전시켜 비행을 한다. 헬기는 일반적으로 로터에 연결된 1개의 프롭으로 구성된다면 드론은 최소 3개 또는 4개 이상의 멀티로 구성된다. 그래서 드론은 멀티콥터라고 일컫는다.

• 쿼드콥터(Quadcopter)
프롭이 4개인 멀티콥터

• 헥사콥터(Hexacopter)
프롭이 6개인 멀티콥터

• 옥타 콥터(Octacopter)
프롭이 8개인 멀티콥터

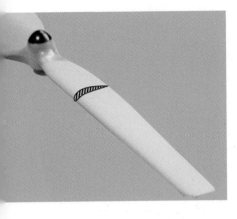

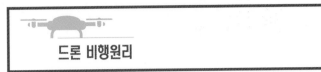

드론 비행원리

드론은 헬기와 마찬가지로 양력을 이용해서 비행하며 각 프롭의 회전수를 달리하여 전진, 후진, 측면이동 등을 실행한다.

드론의 프롭을 자세히 보면 비행기의 날개와 유사한데 프롭의 단면적에서 위쪽의 넓은 면적에는 공기가 빠르게 흘러 기압이 낮아지고 아래의 좁은 면을 흐를 때는 기압이 높아져 높은 압력에서 낮은 압력으로 양력이 발생하여 프롭을 들어 올리고 이에 따라 기체가 함께 상승한다.

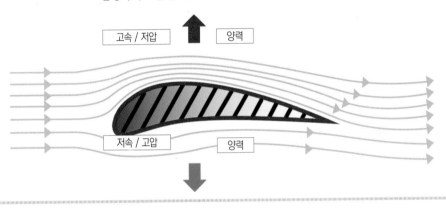

❖❖ 자기위치제어 GPS(Global Positioning System) & Compass(컴퍼스, 방위측정계) ❖❖

드론 내부에는 다양한 센서들이 내장되어 있어 조종자가 어렵지 않게 비행을 할 수 있도록 도와준다.

내장된 GPS와 전자식 컴퍼스(Compass) 센서는 자신의 현재 위치를 인식하고 동서남북 방향을 감지하여 자신의 상태와 이동할 때의 거리 및 방향을 지속적으로 조종자에게 제공한다. 또한 자신의 최초 이륙 위치를 기억하여 자동복귀를 실행할 때 자신의 이륙지점에 자동적으로 찾아오는 리턴 투 홈 기능은 이 GPS와 컴퍼스(Compass) 센서가 있기에 가능하다. 또한 호버링(Hovering, 공중 정지 상태) 시 바람 등의 외력에 의해 기체가 이동하지 않게 한다. 이 기능은 설정에 따라 작동여부를 결정할 수 있다.

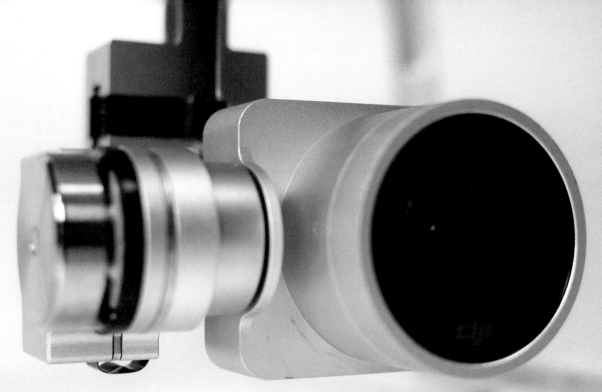

DJI 팬텀3프로페셔널의 고화질 4K 카메라.

⦂⦂ 고화질 영상 촬영 4K카메라 ⦂⦂

촬영용 드론에 장착된 고화질카메라
는 가벼우면서도 최대 4K영상을 촬영할
수 있다.

• 카메라 영상촬영 모드
UHD : 4096×2160p   fps : 24/25, 3840×2160p일 때는 24/25/30
FHD : 1920×1080p   fps : 24/25/30/48/50/60
HD : 1280×720p   fps : 24/25/30/48/50/60
※ fps : frame per second로 1초당 장면(프레임) 수를 말한다.

• 카메라 사진촬영 모드
Image Max Size 4000×3000

DJI 인스파이어의 고화질 4K 카메라.

⦿⦿ 차체는 흔들려도 카메라는 정자세를 유지하는 3축 짐벌(Gimbal) ⦿⦿
– 진동과 흔들림을 잡아주어 안정적인 영상촬영이 가능하게 하는 3축 짐벌(Gimbal)

비행 시 드론 기체는 상하(피치, Pitch), 좌우 흔들림(롤, Roll), 회전 요동(요, Yaw) 등으로 움직이게 되는데 이때 짐벌은 몸체는 흔들리더라도 카메라가 안정적인 자세를 유지할 수 있게 해준다. 짐벌은 몸체가 움직이더라도 움직임을 재빠르게 감지하여 역방향으로 감쇄시키기 때문에 카메라는 떨림 없이 안정적으로 영상을 촬영할 수 있게 된다.

⠿ 지능형 배터리 관리 '스마트배터리 Smart Battery' ⠿

기체를 들어 올리고 바람에 저항하며 비행하기 위해서는 강력한 모터와 그것을 움직이는 강한 출력의 전원이 필요하다. 또한 위치센서, 가속도센서, 고도센서 등의 다양한 부품과 신호전파를 사용하려면 시간 대비 큰 힘이 필요하다.

드론 배터리는 대부분 순간적으로 강한 힘을 낼 수 있는 2차 전지 중 리튬폴리머 배터리를 많이 사용하고 있다. 높은 에너지 밀도로 타 종류 배터리보다 같은 면적 대비 더 큰 용량을 가지는 리튬이온 배터리의 관리상 위험을 최소화하고 큰 에너지는 유지하되 안정성을 높인 리튬폴리머 배터리는 3.7V의 높은 기전력과 환경오염의 원인인 중금속을 사용하지 않는다. 구조는 몇 개 단위의 셀로 구성되어 있으며 고른 기전력으로 드론을 운용하기에 알맞다.

'스마트 기능을 가진 배터리'

리튬폴리머 배터리는 큰 에너지 출력을 가지고 있으나 주변온도 및 자체 온도 변화에 따라 성능 폭이 크므로 세심한 주의와 관리가 필요하다.

팬텀 3, 인스파이어 드론의 스마트배터리

팬텀 3 고용량 배터리

• 리튬폴리머 4셀 타입
• 전압 : 15.2V
• 4480mah(68Wh) 고용량 배터리
• 비행시간 : 최대 23분(실제 체공시간 : 15~20분)
• 배터리 잔량 표시
• 스마트 충/방전 기능 내장
• 작동온도 : -10~40℃, 권장 사용온도 : 15~50℃
• 최대 충전파워 : 100W

인스파이어 1 인텔리전트배터리(TB47,TB48)

• 리튬폴리머 6 셀 타입
• 전압 : 22.2V
• TB47 : 4500mAh (99.90Wh),
  TB48 : 5700mAh(129.96Wh)
• 비행시간 : 최대 18분(실제 체공시간 : 12~15분)
• 중량 : 670g
• 작동온도 : 0~40℃, 권장 작동온도 : 15~50℃
• 최대 충전파워 : 180W

인텔리전트 기능

• 배터리 온도, 전압, 잔량 체크 기능
  (지원 애플리케이션 사용 시)
• 충전 횟수, 사용 시간, 파워 잔량,
  총 성능 표시
• 최저 배터리 경고 수준 설정 기능
• 배터리 스토리지 모드 설정 기능

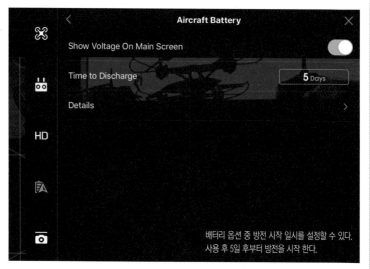

Aircraft Battery

Show Voltage On Main Screen

Time to Discharge — 5 Days

Details

배터리 옵션 중 방전 시작 일시를 설정할 수 있다.
사용 후 5일 후부터 방전을 시작 한다.

※ 효율적인 충/방전관리 '배터리 스토리지(Battery Storage)' 기능 리튬폴리머 배터리는 충전 후 일정량을 소비하고 다시 충전하는 사이클을 유지해주는 것이 배터리 건강에 좋다. 완충 후 드론을 사용하지 않아 완충상태로 오래가게 하거나 5% 이하의 잔량으로 오래두는 것은 배터리 상태에 악영향을 준다. 이를 최소화하기 위해 지능형 배터리는 수명과 성능을 오랫동안 유지하기 위해 스스로 일정 기간이 지나면 일정수준까지 스스로 방전을 하는 스마트 기능이 탑재되어 있다.

• DJI 드론의 지능형 배터리 스토리지 (Battery Storage) 모드
사용자가 일정기간을 설정해두면 사용한 직후 그 기간이 지난 시점부터 자율적으로 최적의 잔량(30%대)치까지 스스로 방전하는 기능

❖ 자동 항법 ❖

   드론에 내장되어 있는 다양한 센서를 활용하여 자세 제어는 물론 자신의
현재 위치, 고도 등을 바탕으로 비행스타일을 제어할 수 있다. 이 기능을 이용
하여 조종자가 일정한 비행경로나 비행스타일을 설정해주면 별도로 조종을
하지 않아도 자동으로 비행을 컨트롤할 수 있다. 수동으로 조정이 어려운 장
소나 목적물 촬영을 할 때 유용하게 쓰인다.

• POI(피오아이, 관심자 중심 비행,
Point Of Interest)
다른 표현으로 아킹(Arching)기법이
라고도 하는데 특정 피사체를 계속 바
라보면서 피사체를 중심으로 주변으
로 원을 그리며 반원, 곡선형으로 비
행하며 촬영하는 방법이다.

• Waypoint(웨이포인트)
설정된 비행포인트에 따라 비행하는 방법으로
비행하고자 하는 포인트를 사전 설정하여 그 설
정된 경로를 따라 비행한다. 각 포인트마다 고
도, 기체방향, 기체 속도 등을 설정할 수 있다.

• Home Lock(홈 락)
기체방향과는 상관없이 무조건
이륙했던 장소(홈 포인트, Home
point)로 비행하게 한다. 기체자체
방향과는 상관이 없으며 기체가 어
느 방향으로 향해 있든 적용시점 이
후부터는 후진을 하면 기체가 최초
이륙장소로 비행한다.

Point of Interest   Waypoints   Follow Me Mode   Home Lock   Course Lock

• Follow Me Mode(팔로우 미 모드)
조종자를 지속적으로 팔로우하며 비행한다. 일정한 거리와 고
도를 유지하며 조종자를 계속 따라다니며 비행한다. 기체는
조종자가 들고 있는 조종기의 신호를 인식해서 작동하는데 최
근엔 실제 피사체와 피사체 주변과의 이질적 차이를 파악하여
피사체를 놓치지 않고 비행하는 트래킹 기능까지 구현된다.

• Course Lock(코스 락)
기능이 실행되는 시점의 기체방향에 의해 전
후좌우 방향이 고정(Lock)된다. 코스 락이 되
면 실행시점의 기체 방향을 기준으로 고정된
방향으로만 조종이 되는 것이다.

• Return to Home(리턴 투 홈)
조종기와 신호가 단절되거나 배터리의 잔량이 일정 수준 이하가 되었을 때
기체를 최초 이륙지점인 홈 포인트로 자동 비행하여 복귀하는 기능이다.

┇ 비전 포지셔닝(Vision Positioning) 시스템 및 물체 감지, 회피기능 ┇

드론에는 안정적인 호버링(Hovering, 공중 정지 자세)과 장애물 인식을 위해 비전 포지셔닝 시스템을 사용하고 있다.

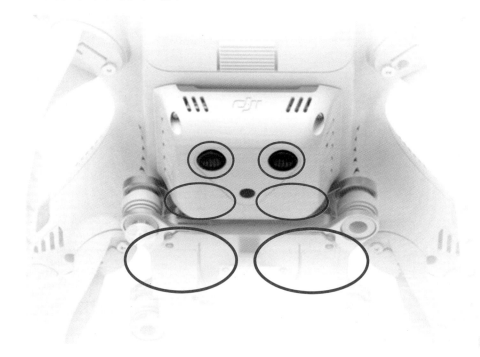

비전 포지셔닝 시스템은 울트라소닉 센서(Ultrasonic Sensor)와 광학카메라로 구성되어 있다.

초음파 센서는 어두운 동굴 안에서도 벽이나 기둥에 부딪히지 않게 움직이는 박쥐들의 감각기관 원리를 사용하는 것인데 초음파를 발사하여 장애물에 부딪혀 돌아오기까지의 시간을 측정하여 거리를 계산한다. 또한 광학카메라는 지면이나 피사체를 촬영하여 촬영된 이미지와 패턴을 분석하여 이를 기반으로 본인의 위치변화를 인식한다.

이런 다양한 센서의 조합으로 일부 기체는 비행 방향에 있는 장애물을 최대 40m 전부터 감지할 수 있으며 장애물이 감지되었을 시 자동으로 회피하여 충돌 등의 사고를 미연에 방지한다. 또한 적외선센서 등의 추가로 다방향(dji 팬텀4pro는 5방향)으로의 장애물 감지 및 회피기능이 적용되고 있다.

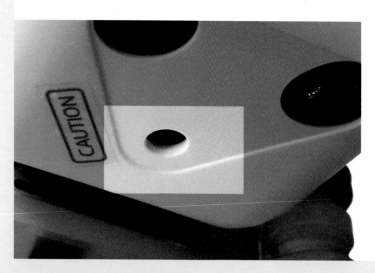

Chapter 2

Drone(드론) 조종하기

사용 기체 : DJI 팬텀 3 프로페셔널

01 조종 전 꼭 알아두어야 할 점

비행규칙 및 조종자의 준수사항을 꼭 숙지합니다.

드론은 무인항공기로서 현 대한민국의 항공법을 따라야 한다. 초경량무인항공기에 속하는 드론에 대한 조종자 준수사항은 안전과 보안, 시설물 보호 등에 목적이 있으므로 반드시 준수해야 한다.

조종자 금지 행위

- 인명이나 재산에 위험을 초래할 수 있는 낙하물 투하 행위
- 인구 밀집지역 및 인파가 많은 지역 상공 비행 행위
- 관제공역, 금지구역, 통제구역, 주의공역 등에서 사전 허가 없이 비행하는 행위
- 육안으로 식별할 수 없는 상태에서의 비행
- 일몰 전 ~ 일출 전 사이의 비행행위
- 사전 허가 없이 고도 150M 초과 비행행위
- 사전 허가 없이 이륙중량기준으로 25KG 이상의 기체 비행행위

기체 및 조종기 상시 점검 및 이상 유무 체크 후 비행

배터리 상태 및 기체의 주동력원인 모터작동 이상 유무를 체크하고 GPS 수신율, 컴퍼스 센서 상태, 조종 App 작동 상태를 비행 전 반드시 체크한다. 또한 외관상으로도 기체손상여부와 프롭 체결 상태를 체크한다.

- 모터 작동 점검 : 기체에 전원을 넣은 후 조종기와 연결하고 정지 상태에서 스로틀을 조금씩 작동해보면서 모터의 작동 상태를 육안점검 및 소음상태로 체크해본다.
- 배터리 완충 상태 : 배터리의 전원 버튼을 눌러 배터리 충전 여부를 확인한다. 비행 시엔 최대한 완충된 상태의 배터리를 사용해야 한다.
- 센서 수신율 및 작동상태 점검 : 기체의 각종 센서는 기체의 방향과 고도설정에 매우 중요하므로 비행 전 반드시 각 센서의 상태를 체크한다.

- GPS 위성 수신율 확인

GPS 수신	6개 미만	6~10개	10~15개	15개 이상
비행 결정	매우 주의	주의	양호	매우 양호

- 컴퍼스 센서 확인

기체가 방향을 감지하는 데 중요한 역할을 하는 컴퍼스는 수신 상태가 불량일 경우 기체시동 자체가 걸리지 않게 되어 있다. 주로 바닥이나 사방에 철근이 많다거나 강한 자력이 있는 곳, 전파가 많은 곳 등에서는 컴퍼스가 제대로 작동되지 않는다. 이때는 기체위치를 다른 곳으로 이동시켜서 다시 컴퍼스 상태를 점검한다.

특히 실내나 주변에 철 구조물이 많은 장소인 경우 컴퍼스가 제대로 잡히지 않는 경우가 있고 화면에는 컴퍼스 에러 메시지가 표시된다. 이때는 기체에 시동자체가 걸리지 않으므로 비행이 되지 않는다.

컴퍼스 상태가 양호해지면 비전모드나 에띠(ATTI. 자유 수동모드)모드, 비행준비모드로 변경되어 비행이 가능해진다.

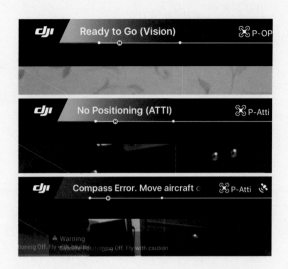

촬영 준비 상태 점검

촬영할 카메라 세팅과 촬영물이 저장될 메모리, 짐벌 작동 상태 등을 반드시 점검한다.

비행 구역 사전 점검

비행 계획이 잡히면 비행하기 하루 전, 먼 거리가 아닌 경우 안전하고 성공적인 비행과 촬영을 위하여 사전에 미리 현장을 방문하여 다음과 같이 현장 상황을 체크한다.

- 주변 지형, 건물, 지대 : 높은 건물이나 지형의 변화, 지대 상태 등을 미리 확인하여 안전한 비행코스를 계획한다.
- 무선송수신에 방해될 요소 : 기체와 조종자는 무선신호로 컨트롤된다. 이런 송수신이 원활하지 않으면 안전사고 발생이나 계획된 것들을 실행하지 못하는 경우가 있으니 미리 현장의 신호 상태를 체크한다.
- GPS 신호, 컴퍼스(Compass) 수신 상태 : 계획된 촬영을 하기 위해서는 우선적으로 안전하고 계획된 비행이어야 한다. 현장에서의 GPS, 컴퍼스(Compass) 수신 상태 등을

미리 체크한다. 또한 GPS신호가 약할 때는 부득이하게 수동모드로 비행해야 할 상황이 발생할 수 있으니 미리 체크해 두면 당일날 촬영 시 당황하지 않을 수 있다.

- 국가시설, 보안시설 여부 : 비행구역이나 촬영구역 내에 국가시설이나 군보안시설 등이 있는지 확인한다. 현 항공법에서는 국가시설과 군보안시설로의 비행과 촬영은 모두 금지하고 있으며 부득이한 경우만 사전 허가를 받고 비행, 촬영을 할 수 있다. 관련기관에 허가를 받으려면 5일 정도 소요되니 미리 비행과 촬영 가능여부를 체크해야 한다.

비행 전 최종 기체 설정 확인

비행 전 기본적으로 체크해야 할 사항은 아래와 같다.
- 조종기모드
- 조종기 및 기체 배터리 충전 상태
- 최고 제한 고도
- 영상, 사진 세팅 상태
- 시그널로스트(신호 끊김) 시 기체 동작 설정 상태
- 주변 날씨(온도, 풍속, 풍향)

02 조종기

드론 조종기는 무선송수신기의 일종으로 일정거리 이상 떨어진 기체와 카메라를 완벽하게 컨트롤할 수 있게 만들어져 있다.

무선송수신기는 송신기와 수신기로 구분되며 조종사의 조종기는 송신기에 해당되고 기체의 수신부가 수신 역할을 하여 조종사의 조종대로 움직이게 된다.

조종기는 채널별로 구분되고 다양한 무선모형에 연결되는 멀티형과 한 기체에만 사용되는 전용형이 있다.

멀티형
무선 rc 비행기, 헬기, 자동차, 드론 등 세팅 값에 따라 다양한 무선기기에 사용할 수 있다.

전용형
DJI 드론 팬텀 3 프로의 전용 조종기이며 다른 무선기기에 혼용할 수가 없다.

DJI 팬텀 3 프로페셔널 드론의 조종기

사진 출처 : dji.com

DJI 팬텀 3 프로페셔널의 조종기 알아보기

DJI사의 팬텀 3 드론에는 전용 조종기가 있다. 타 무선기기 RC 비행
기, RC 헬기, RC 자동차 등에는 사용할 수 없지만 같은 팬텀 3들은
링크(Link) 작업을 통해 하나의 조종기로 다른 동일 기체에 연결하
여 사용할 수 있다.

① **안테나** : 기능상 최대 2km까지의 전송범위를 가지며 영상신호와 기체제어를 위한 신호 송신을 담당한다.

② **모바일기기 거치대 홀더** : 모바일기기(스마트폰, 태블릿 등) 거치 홀더

③ **왼쪽 스틱(KEY)** : 왼쪽 키라고도 하며 기체의 상승, 하강, 회전을 조종한다(조종모드 2).

④ **오른쪽 스틱(KEY)** : 오른쪽 키라고도 하며 기체의 전·후진, 수평 이동을 조종한다(조종모드 2).

⑤ **전원버튼(POWER)** : 조종기의 전원버튼이며 1회 누르면 LED로 조종기 배터리 잔량을 표시하고 한 번 더 누르면 전원이 켜진다.

⑥ **자동복귀(RTH) 명령 버튼** : Return to Home 명령버튼으로 자동복귀를 실행한다.

LED 점멸 상태	소리 알림	상태
점등	삐-----	RTH 명령 송신
점멸	삐삐---	RTH 실행중

⑦ **조종기 상태 표시등** : 전원 및 기체와 연결 상태를 확인할 수 있는 LED 표시등

조종기와 기체 연결 OFF   조종기와 기체 연결 ON

색	LED 점별 상태	알림	상태
●○○○○	적색 점등	알림음	기체와 연결 안 됨
●○○○○	녹색 점등	알림음	기체 연결됨
☀○○○○	적색이 천천히 점멸	삐삐삐--	조종기 에러
☀○○○○	적, 녹, 노랑이 번갈아 점멸	없음	영상데이터신호 에러

① **재생 버튼** : 촬영된 영상, 사진 등이 저장된 앨범 보기 버튼

② **셔터 버튼** : 스틸사진을 촬영하는 버튼, 촬영모드가 영상 촬영모드로 되어 있더라도 셔터버튼을 누르면 정지사진을 바로 찍을 수 있다(※ 영상 촬영 중에는 셔터동작이 되지 않는다).

③ **카메라 설정 다이얼** : 감도(ISO), 셔터스피드, 노출 등을 조정하는 다이얼 버튼으로 누를 때마다 ISO, 셔터스피드 등으로 선택하며 조정할 수 있다.

④ **영상 녹화(촬영) 시작/종료 버튼** : 누를 때마다 영상 녹화/녹화정지하는 버튼, 촬영모드가 사진촬영모드로 되어 있더라도 녹화버튼을 누르면 바로 영상녹화를 할 수 있다.

⑤ **비행모드 설정 스위치** : 비행모드를 필요에 따라 P모드, A모드, F모드로 전환하는 스위치

⑥ **카메라 짐벌 제어 다이얼** : 짐벌의 상하각도(Tilt, 틸트)를 조절하는 다이얼

⑦ **USB포트** : 조종기와 스마트폰(또는 태블릿)을 서로 연결하는 USB포트

⑧ **마이크로USB포트** : 마이크로USB케이블을 연결하는 포트

⑨, ⑩ **사용자 설정 버튼** : C1, C2라 표기되어 있는 사용자 정의 버튼으로 설정에 따라 카메라 짐벌모드 전환 및 배터리 상태를 빨리 볼 수 있게 한다.

⑪ **조종기 충전 포트** : 조종기 내의 조종기용 배터리를 충전할 때 사용하는 전원충전단자로 부속품인 충전기를 연결한다.

조종기 모드별 조작방법 - 모드 1, 모드 2

　　조종기는 사용자와 무선기기의 조작 편의를 위해 몇 가지 모드를 지원하고 있다. 모드 1은 주로 아시아(한국, 일본, 중국 등)에서 많이 쓰이며 모드 2는 미국 및 유럽권에서 많이 쓰인다. 조종기의 스틱설정에 따라 모드 1, 모드 2, 모드 3 그리고 별도의 사용자 임의설정기능을 지원하는데 한국의 대부분 조종사들은 모드 1과 모드 2를 많이 사용하고 있다. 모드 1, 2에 따라 기체의 동작이 다르니 반드시 본인의 조종모드를 확인하고 조작해야 한다.

⁞ 조종기 모드 1 조작방법 ⁞

• 왼쪽 스틱을 위로 : 기체 전진
• 왼쪽 스틱을 아래로 : 기체 후진

• 왼쪽 스틱을 왼쪽으로 : 기체 좌회전
• 왼쪽 스틱을 오른쪽으로 : 기체 우회전

• 오른쪽 스틱을 위로 : 기체 상승
• 오른쪽 스틱을 아래로 : 기체 하강

• 오른쪽 스틱을 왼쪽으로 : 기체 좌로 이동
• 오른쪽 스틱을 오른쪽으로 : 기체 우로 이동

∴ 조종기 모드 2 조작방법 ∴

- 왼쪽 스틱을 위로 : 기체 상승
- 왼쪽 스틱을 아래로 : 기체 하강

- 왼쪽 스틱을 왼쪽으로 : 기체 좌회전
- 왼쪽 스틱을 오른쪽으로 : 기체 우회전

- 오른쪽 스틱을 위쪽으로 : 기체 전진
- 오른쪽 스틱을 아래쪽으로 : 기체 후진

• 오른쪽 스틱을 왼쪽으로 : 기체 좌로 이동
• 오른쪽 스틱을 오른쪽으로 : 기체 우로 이동

03 조종 App DJI GO

DJI사의 팬텀 3는 조종기와 기체가 모두 DJI GO라는 조종 App을 사용하도록 되어있다.

이 DJI GO App은 스마트폰, 태블릿, 패드 등 모바일 디바이스에 설치되어 기체의 전반적인 운행과 세팅을 할 수 있게 해준다.

DJI GO App은 현재 안드로이드 및 애플기기 운영체제 IOS에서 모두 사용할 수 있으니 자신의 스마트기기의 사용 운영체제에 맞는 것을 다운받아 설치하면 된다. 애플의 IOS 계열의 아이폰, 아이패드는 App Store(앱 스토어)에서, 갤럭시 등을 비롯한 안드로이드 계열 스마트기기는 안드로이드 마켓 Google play(구글 플레이)에서 DJI GO App을 검색하여 설치하면 된다. 본 도서에서는 IOS용 DJI GO를 기준으로 살펴보도록 하겠다.

DJI GO 첫 실행

팬텀 3를 이용하여 기체를 조종하고 영상 또는 사진을 촬영하려면 기체, 조종기뿐만 아니라 DJI GO가 반드시 필요하다. 이 App을 통해 기체와 조종기 간의 각종 설정과 기체가 비행 중이거나 촬영 중일 때 실시간으로 카메라의 영상을 확인할 수 있게 해준다.

또한 임시데이터 캐시로 저장된 영상이 있을 경우 App 내에서 간단한 편집도 가능하다.

IOS IPAD mini4의 DJI go App 실행모습

안드로이드 기반 스마트기기에서의
DJI go App 실행모습

IOS와 안드로이드의 DJI GO는 메뉴 위치와 기능이 일부 차이가 있지만 비행과 촬영에는 영향을 미치는 것이 아니고 편의사항만 다를 뿐 대부분 동일하기 때문에 자신에게 맞는 버전을 선택해서 사용하면 된다. 필자는 IOS 기반의 IPAD mini4 기종을 조종용 태블릿으로 사용하고 있다.

DJI GO 처음 실행하기

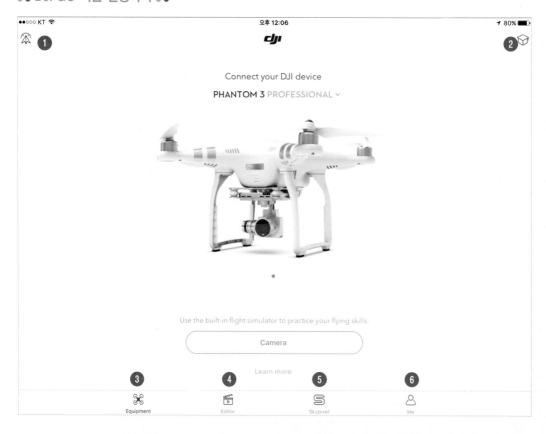

DJI go App을 처음 실행하면 위와 같은 메인화면으로 접속된다.

① **Flight Record** : 해당 아이콘을 터치하면 자신의 비행 횟수, 거리, 비행시간 등을 모두 알 수 있다. 또한 임시데이터로 저장된 동영상과 사진 등을 미리 볼 수 있다.

② **Academy** : 팬텀을 비롯한 각종 매뉴얼, 팁 등을 볼 수 있고 비행시뮬레이션도 해볼 수 있다(Flight Simulator).

③ **Equipment** : 현재 조종기와 연결된 기체를 확인하고 기체의 각종 설정을 할 수 있다.

④ **Editor** : 촬영한 영상이나 사진 등을 가지고 App 내에서 편집하거나 공유할 수 있다.

⑤ **Skypixel** : www.skypixel.com 웹사이트를 통해 다양한 영상 촬영물들을 전 세계로 서로 공유하거나 볼 수 있다.

⑥ **Me** : 사용자(Account)를 등록하거나 등록 후 프로필 수정 및 자신의 레벨을 볼 수 있으며 DJI Store, DJI Forum 등에서 다양한 정보를 얻을 수 있다.

※ DJI go 처음 실행 시 사용자(Account) 등록을 해야 정상적으로 사용할 수 있다.

Me 메뉴를 터치하여 새로운 계정으로 등록한다.

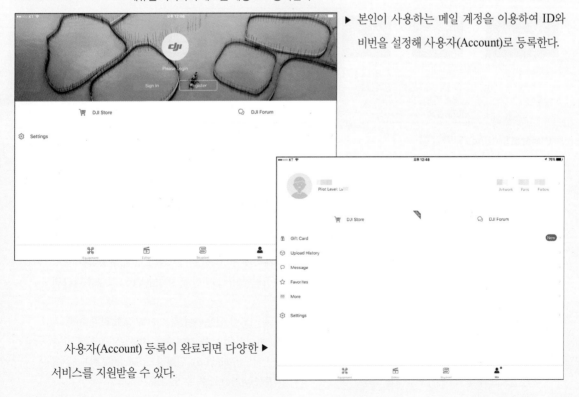

▶ 본인이 사용하는 메일 계정을 이용하여 ID와 비번을 설정해 사용자(Account)로 등록한다.

사용자(Account) 등록이 완료되면 다양한 ▶ 서비스를 지원받을 수 있다.

① **Aircraft Status 기체 상태** : 터치하면 각종 기체의 상태를 확인할 수 있으며 GPS 위성 신호가 양호해지면 녹색불빛으로 표시되며 이때부터 안전한 비행을 할 수 있다.

② **각종 신호 및 배터리 상태 확인**

P-GPS	(GPS) 14	(기체)	HD	96% 4.13V
현재 기체 비행모드 (P-GPS/P-ATTI/ATTI 모드 설정 가능)	GPS 수신 개수 13개 이상 : 아주 양호 10~13개 : 양호 7~10개 : 주의	기체와 조종기 간의 신호 상태	영상 신호 수신 상태	배터리 잔량 및 전압 상태

③ **General Settings 일반 설정** : 기체, 조종기, 송수신 신호, 배터리, 카메라 짐벌 등 각 부분별로 설정한다.
  - Main Controller Setting(MC Setting, 기체 설정) : 기체의 전반적인 동작을 설정한다.
  - **Remote Controller Setting(RC Setting, 조종기 설정)** : 조종기(리모콘)의 동작을 설정한다(스틱모드, 스틱감도, 사용자 단축키C 버튼 설정).
  - Image Transmission Setting(영상신호설정) : 조종기의 신호 채널 설정과 채널별 신호 품질 확인
  - Aircraft Battery(기체 배터리 설정) : 기체의 배터리 상태 및 경고 설정, 방전 시간 등을 설정
  - Gimbal Setting(짐벌 설정) : 3가지 유형으로 카메라 짐벌모드와 동작 세기, 민감도를 설정

④ 촬영에 관하여 카메라의 설정과 품질, 형식(포맷) 등을 설정

⑤ 초보자나 안전을 위해 자동 이륙 기능과 홈 포인트 복귀(RTH)기능을 실행한다.

⑥ Compass(전자나침반)에 의해 조종사와 기체 간의 위치와 방향, 카메라 방향 등을 보여준다.

⑦ 기체의 현재 고도, 조종기와의 거리, 수평이동 속도, 수직이동 속도, 비전 포지셔닝(VPS) 상태를 나타낸다.

⑧ 구글 지도를 이용하여 최초 이륙 장소 위치, 기체 위치, 비행경로 등을 보여준다. 지도보기옵션에 따라 일반지도(Standard), 위성지도(Satelite), 지도+위성지도(Hybrid)로 볼 수 있다.

⠿ 비행 전 DJI go App을 통해 확인해야 할 사항 ⠿

조종기 모드	조종기 모드가 1, 2인지 반드시 확인한다. 모드별 스틱에 따른 기체동작이 다르니 조종모드를 확인하도록 한다.	실내 비행 시 비전 포지셔닝 시스템 이용	실내 비행 시는 GPS신호를 받지 못하므로 안정적인 비행을 위해 비전 포지셔닝(Vison Positioning)을 켜둔다.
기체 펌웨어	기체의 안전한 비행을 위해 펌웨어를 확인한다. 너무 오래전 펌웨어를 사용할 시 일부동작이 안되거나 신호 송수신에 영향을 줄 수 있으므로 최신업데이트를 활용한다.	배터리 상태	팬텀의 인텔리전트 배터리는 외부온도에 영향을 받으므로 겨울같이 낮은 온도에는 전압강하로 비행에 좋지 않은 영향을 주므로 항상 비행 전 배터리의 온도, 잔량을 확인한다. 배터리의 현재 전압, 온도, 총 용량, 저전압경고, 비상경고 등을 모두 설정할 수 있다.
HOME POINT, Fail Safe 설정	기체설정(MC Setting)-Advanced Setting에서 기체와 신호단절 시 기체의 동작을 설정할 수 있다. • Return to Home : 처음 이륙했던 장소 (Home Point)로 자동 복귀 • Landing : 신호가 단절됐을 시 그 자리에서 자동 착륙 • Hover : 그 자리에서 자동 호버링		

⠿ DJI GO를 통한 Aircraft Status 기체상태 확인 및 설정하기 ⠿

[Aircraft Status 기체 상태]

- **Overall Status** : 기체 펌웨어 등 전반적인 상태표시(Normal : 정상), 펌웨어 업그레이드가 필요할 때 업그레이드 알림이 표시된다.
- **Flight Mode** : 기체 비행모드 (P-GPS, P-OPTI, P-ATTI, ATTI모드 표시)
- **Compass** : 전자컴퍼스 상태 'Normal'은 정상이며 재설정이 필요할 경우 'Calibrate'로 재설정해준다.
- **IMU(Inertial Measurement Unit 관성 측정 장치)** : 자세의 기울임이나 동작을 감지해서 안전하게 비행할 수 있도록 한다.
- **Remote Controller Mode** : 현재 설정된 조종기의 조종 모드
- **Remote Controller Battery** : 조종기 배터리의 충전상태

- **Radio Channel Quality** : 기체와 조종기 간의 신호 교류 상태
- **Aircraft Battery** : 기체 배터리 충전량
- **Aircraft Battery Temperature** : 기체 배터리 온도 상태
- **Gimbal Status** : 짐벌 동작 상태
- **Remaining Capacity** : 메모리의 여유 공간 상태로 저장 공간 확보 및 저장소 기본설정은 'Format'을 이용한다.

03 조종 App DJI GO | 37

[기체 Setting]

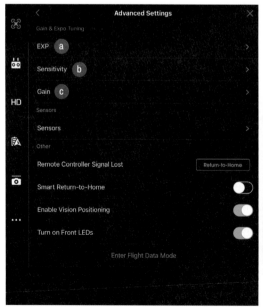

◀ ⓐ EXP : 기체 동작의 움직임 세기를 조정한다. 값이 낮을수록 천천히 동작한다. 기체가 의도보다 빠르게 움직이면 조금씩 값을 낮춰준다.

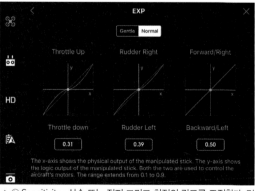

▲ ⓑ Sensitivity : 상승 또는 정지 그리고 회전의 감도를 조절한다. 민감성인데 수치에 따라 동작의 민첩 정도를 설정한다.

• Main Controller Settings(MC Setting)

- Home Point Settings : 홈 포인트 등록에 관한 설정

 기체가 최초 이륙지점을 홈 포인 트로 등록

 조종사의 현재 위치를 홈 포인트 로 등록 : 기체가 최초 이륙 후 조 종사의 위치가 변경되었을 시 조종사에게로 복귀시 키려면 홈 포인트를 조종사 위치로 다시 등록해줘야 할 때 사용한다.

- Multiple Flight Modes

ⓐ P(Positioning) Mode : 위성GPS 및 비전 포지셔 닝 기반으로 정밀한 비행 모드

ⓑ A(Attitude) Mode : 위성GPS 및 비전 포지셔닝 기능을 제외한 기압계만으로 비행하는 것(수동 모드)으로 실내 등에서 GPS와 비전 포지셔닝 기 능이 되지 않을 때 기압계만을 이용하여 비행할 수 있도록 하는 모드

ⓒ F(Function) Mode : P mode와 유사하나 인텔리 전트 비행 시에 사용

- Return-to-Home Altitude : 자동 홈 복귀 시 기체 의 고도를 정할 수 있으며 20~500m 내로 설정이 가능하다. 특정 고도를 설정하면 기체는 설정된 고 도까지 상승 후 홈으로 복귀한다. 그러므로 현장상 황에 맞게 복귀 고도를 설정한다.

- Beginner Mode : 초보자 모드로 이 기능이 활성화 되면 반경 30m 내로만 비행이 가능하다.

- Set Max Altitude : 비행 시 최대 고도 설정을 말하 며 대한민국은 항공법상 이륙지점으로부터 150M 이내 고도에서만 비행이 가능하므로 최대 150M를 넘지 않게 설정한다.

- Enable Max Distance : 조종사로부터의 최대 비행 거리를 설정한다. 최대거리를 입력하면 그 거리까 지만 비행한다.

- Advanced Settings

◀ ⓒ Gain : 기체의 피치(Pitch), 롤(Roll), 요우(Yaw), 버티컬(Vertical)의 세 기를 설정한다. 부드러운 동작이 나 섬세한 동작을 원할 때는 값을 낮추고 재빠르거나 민첩한 기동 을 원한다면 값을 조금 높여준다. 촬영을 위해서는 무엇보다 부드 럽고 섬세한 동작이 필요하므로 85~95 사이로 맞춰준다.

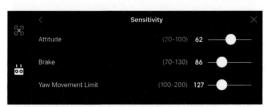

ex) Brake(제동력) 값을 높이면 기체가 급하게 멈추고 값을 낮추면 제 동거리가 길어지면서 부드럽게 멈춘다.

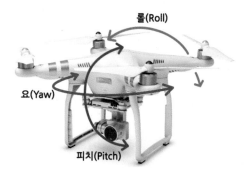

롤(Roll)

요(Yaw)

피치(Pitch)

• Remote Controller Settings

- Remote Controller Calibration :
조정기 스틱 교정 작업으로 스틱
조작에 따른 기체반응에 이상이
있을 시 조종기 교정 작업을 해준
다. 조종기 캘리 작업은 기체전원
을 꺼서 기체와 연결하지 않고 진
행해야 한다.

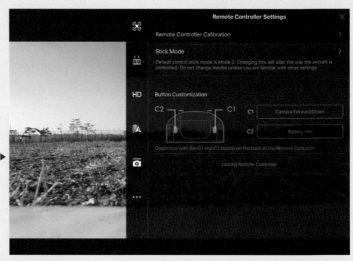

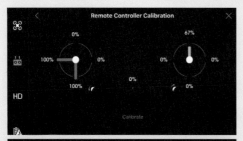

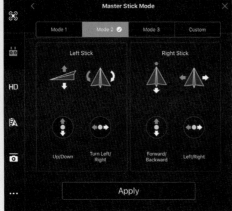

◀ 조종기 스틱을 움직이다 놓았을 때 화면의 스틱 위치가
정중앙에 위치해야 정상이다. 오차가 있다면 'Calibrate'
로 캘리를 해준 다음 조종기 전원을 껐다 켜준다.
- Stick Mode : 조종기의 스틱 모드를 설정한다. 조종사
의 가장 최적화된 조종모드로 설정하는 것이 중요하
다. 또한 비행 전 반드시 조종모드를 확인하여야 한다.

모드 변경 시는 새로운 모드를 설정한 후 반드시 'Apply'
를 클릭해야 적용된다.
- Button Customization : 조종기 아래쪽에는 두 개의 사
용자버튼이 있다. C1, C2 버튼에 특정메뉴나 기능을 지
정하여 빠르게 이용할 수 있다.
- Linking Remote Controller : 조종기가 바뀌거나 기체
가 변경되었을 때 상호 링크시켜 조종기를 사용할 수
있도록 한다.

• Image Transmission Setting(영상송수신 설정)

- Channel Mode : DJI 조종기는 다수의 신호 중 상태가 제일 양호한 신호만을 찾아 사용
한다. 스스로 신호상태가 좋은 것을 찾거나(Auto), 일정 채널을 별도로 지정(Custom)해서
사용할 수 있다. 신호상태를 그래프로 볼 수 있어 상태가 좋은 신호를 한눈에 볼 수 있다.

• Aircraft Battery(기체 배터리)

기체에 연결된 배터리 상태를 확인할 수 있다. 팬텀 3의 배터리는 4개의 셀(Cell)로 이루어져 있어 4개의 배터리 셀의 상태를 볼 수 있다. 또한 전압(V)과 배터리의 현재 온도, 남은 파워, 전체 총량, 충전 횟수 등을 확인할 수 있다.

- Critically Low Battery Warning : 기체가 1차 배터리 잔량 치까지 소진하고서도 지속적으로 배터리를 소모할 경우 배터리 최저 잔량 한계치를 설정하여 최저치에 도달했을 때 경고음과 함께 자동으로 그 자리에 착륙한다. 10~30%까지 설정할 수 있다.

- Low Battery Warning : 배터리를 소진하다 지정된 값에 도달할 경우 경고한다. 리튬폴리머 배터리는 일반적으로 완전 소진하기보다 어느 정도 잔량 치를 남겨 두는 것이 좋다. 팬텀 3의 1차 배터리 잔량 치라고 보면 되며 15~50%까지 설정할 수 있다.

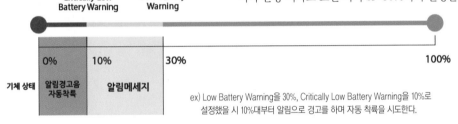

ex) Low Battery Warning을 30%, Critically Low Battery Warning을 10%로 설정했을 시 10%대부터 알림으로 경고를 하며 자동 착륙을 시도한다.

• Gimbal Setting 짐벌 설정

짐벌 모드와 카메라 동작에 관한 다양한 설정을 할 수 있다.

- Gimbal Mode : 카메라 짐벌의 동작모드를 설정한다.

ⓐ Follow : 카메라 기체의 방향과 상관없이 일정한 곳을 주시할 수 있기 때문에 항공촬영이나 사진 촬영 시 유용하다.

ⓑ FPV : 카메라 짐벌이 기체와 고정되어 기체 방향과 같이 움직이기 때문에 기체가 흔들리면 카메라도 같이 흔들린다.

- Centering Camera : 카메라를 다시 중앙(전면)으로 돌아오게 한다.

- Adjust Gimbal Roll : 카메라 짐벌 롤 축이 맞지 않을 때 수동으로 직접 맞출 수 있다.

- Gimbal Auto Calibration : 흐트러진 짐벌 축 값을 다시 리셋할

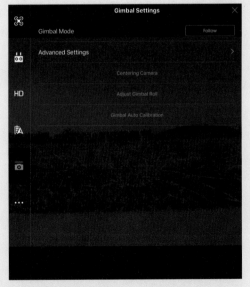

때 사용하며 실행하면 자동으로 짐벌을 교정한다. 여러 번 촬영을 하다 보면 종종 짐벌 축이 제 위치에 오지 않거나 수평이 잘 맞지 않는 경우가 생기는데 이때 짐벌 교정을 한 번씩 해준다.

- General Setting
  - Measurement Unit : 애플리케이션에서 사용할 치수, 거리 단위를 설정한다.
  ⓐ Metric(KM/H) : 미터법의 킬로미터 시속단위
  ⓑ Metric(M/H) : 미터법의 미터 분속단위
  ⓒ Imperial : 인치 단위
  - Enable Hardware Decoding : 영상 출력 시 하드웨어 성능 이용여부를 설정하며, 기본적으로 ON시켜 둔다. OFF로 하면 영상 지연 현상이 생길 수 있다.
  - Select Live Broadcast Platform : 실시간 방송 매체 설정
  - Show Flight Route : 비행경로 보기 설정
  - Calibrate Map Coordinates(For China Mainland) : 중국에서 사용 시 해당하는 좌표교정 설정이다. 한국에서는 불필요하고 지도 오류가 생길 수 있으므로 꺼둔다.
  - Cache Map in the Background : 백그라운드에서 지도를 저장하는 것으로 인터넷이 안 되는 스마트기기에서 유용하게 사용될 수 있다.
  - Clear Flight Route : 저장된 비행경로를 모두 삭제한다.
  - Cache During Video Shooting : 촬영된 영상은 기본적으로 기체에 있는 별도의 메모리에 저장되는데, 기체뿐 아니라 스마트기기에도 함께 저장하고자 할 때 사용한다. 임시로 저장되는 것이며 활성 시에는 촬영본이 카메라 메모리와 스마트 기기에 함께 저장된다. 하지만 스마트기기에 저장되는 것은 메모리에 저장되는 것보다 용량이 적거나 일부 모니터 영상의 끊김 현상이 그대로 저장되기도 한다. 이 캐시로 저장된 것은 편집용으로 부적합하기 때문에 프리뷰용으로 사용할 수 있다.
  - Clear Video Cache : 캐시로 저장된 영상물들을 삭제한다.
  - Flight Logs : 매 비행 때마다 자동으로 비행 로그를 저장하도록 한다. 비행 일시, 비행 동작, 조종기 동작 등 비행에 관한 데이터 정보가 그대로 저장되는데 이 비행 정보는 나중에 비행 분석 시에 필요하다.
  - Clear Flight Logs : 비행 로그 데이터를 삭제한다.
  - About : 기체, 조종기의 펌웨어 및 조종기 시리얼 번호 등을 알 수 있고 DJI GO App의 버전을 확인할 수 있다.

Chapter 3

제도와 규칙

01 항공법을 따르는 초경량무인 항공기「드론」

사용 기체 : DJI 팬텀 3 프로페셔널

01 항공법을 따르는 초경량무인항공기 「드론」

드론은 엄연히 자체 동력원을 가진 항공기로서 그 운용은 항공법 안에서 이루어져야 한다. 드론과 관련된 운용 방법, 조종사의 준수사항, 항공 촬영에 관한 규칙 등을 숙지함으로써 드론운영이 안전할 수 있게 한다. 드론으로 항공 촬영을 하기 위해서는 비행과 촬영을 하게 되므로 분단된 대한민국의 상황에 따라 안전과 보안을 위한 법제도가 있으니 반드시 숙지하도록 해야 한다.

항공법, 항공법 시행령, 항공법 시행규칙

국가법령 중 항공법에 관련된 법은 최상위의 항공법, 차순위의 항공법 시행령, 항공법 시행규칙 등 3단계로 구분되어 있다.

항공안전법	항공안전법시행령	항공법시행규칙
법률 제16566호 2019.8.27. 일부 개정	대통령령 제30489호 2020.2.25. 일부 개정	국토교통부령 제703호 2020.2.28. 일부 개정

국토교통부령 제 703호로 일부 개정을 개정을 거쳐 2020년 2월 28일부터 시행되고 있는 항공법시행규칙은 초경량무인항공기 운용 지침과 조종사 준수사항, 비행 구역 운영, 항공 촬영 운영에 대한 규칙에 제정되어 있어 이를 위반하는 일이 없도록 하여야 한다.

'초경량비행장치의 무인비행장치 드론' -항공법 시행규칙 제5조 5항
무인비행장치 : 사람이 탑승하지 아니하는 것으로서 다음 각 목의 비행장치
가. 무인동력비행장치 : 연료의 중량을 제외한 자체중량이 150킬로그램 이하인 무인비행기, 무인헬리콥터 또는 무인멀티콥터
나. 무인비행선 : 연료의 중량을 제외한 자체중량이 180킬로그램 이하이고 길이가 20미터 이하인 무인비행선
→ 드론은 무인동력비행장치의 무인멀티콥터로서 초경량비행장치에 속한다.

초경량비행장치 비행 시 조종자 준수사항

초경량비행장치 드론은 법령으로 항공기에 속하므로 기체의 크기, 중량, 사양에 구분 없이 시행규칙에 준하는 조종자 준수사항을 이행하며 운용해야 한다.

'초경량비행장치조종자의 준수사항' - 항공법시행규칙 제310조

1. 인명이나 재산에 위험을 초래할 우려가 있는 낙하물을 투하(投下)하는 행위

2. 인구가 밀집된 지역이나 그 밖에 사람이 많이 모인 장소의 상공에서 인명 또는 재산에 위험을 초래할 우려가 있는 방법으로 비행하는 행위

3. 허가 및 승인 없이 아래와 같은 아래와 같은 관제공역, 비관제공역, 통제공역, 주의공역에서는 비행해서는 안된다. "비행하려면 국토교통부장관으로부터 비행승인을 받아야 한다."

구분	내용
관제공역	항공교통의 안전을 위하여 항공기의 비행 순서·시기 및 방법 등에 관하여 제84조제1항에 따라 국토교통부장관 또는 항공교통업무증명을 받은 자의 지시를 받아야 할 필요가 있는 공역으로서 관제권 및 관제국를 포함하는 공역
비관제공역	관제공역 외의 공역으로서 항공기의 조종사에게 비행에 관란 조언·비행정도 등을 제공할 필요가 있는 공역
통제공역	항공교통의 한전을 위하여 항공기의 비행을 금지하거나 제한할 필요가 있는 공역
주의공역	항공기의 조종사가 비행 시 특벽한 주의·경계·식별 등이 필요한 공역

4. 안개 등으로 인하여 지상목표물을 육안으로 식별할 수 없는 상태에서 비행하는 행위

5. 일몰 후부터 일출 전까지의 야간에 비행하는 행위, "야간비행(일몰 후)은 기본적으로 금지"

우리나라는 법령으로 일몰 후부터 일출 전까지, 야간비행은 기본적으로 금지하고 있다. 일몰 시간은 계절마다 조금 상이한데 평균적으로 여름은 저녁 7시경, 겨울은 5시 30분경을 비행이 가능한 일몰 직전 시간으로 보고 있으며 승인 관련 허가 기관에서도 그 시간 이후로는 드론 비행을 통제하고 있다. 그러나 국가 차원의 드론 기술 발전과 그 활용성을 높이고 실제 운용 상황에서의 어려움 등을 최소화하기 위해 몇 가지 드론비행규제법령을 완화하였다.

야간비행인 경우 그 목적이 공익적이고 안전 장치 구비, 2인 이상의 조종사, 드론의 자동 복귀 기능, 충돌 방지 기능 등 확실한 안전 대책이 확보된 경우 공공기관이나 공익목적 한하여 국토교통부장관의 비행허가를 받아 비행이 이루어지기도 한다.

7. 음주나 환각물질 등에 의해 정상적인 조종업무를 수행할 수 없는 상태에서 조종하는 행위(위반 시 3년 이하의 징역 또는 3천만 원 이하의 벌금에 처하게 된다.)

8. 무인비행장치 조종자는 해당 무인비행장치를 육안으로 확인할 수 있는 범위 내에서 조종하여야 한다.

법 제124조 전단에 따라 비행체의 안전성이 인증되어 국토교통부장관의 허가를 받은 경우는 육안거리초과 범위까지의 비행은 가능하다.

- 기체의 위치를 조종자가 육안으로 식별할 수 있는 거리 내에서 비행하여야 한다. 육안거리는 시력(교정시력 포함)에 의존되므로 개인차가 있겠지만 일반적으로 조종자로부터 300m에서 최대 500m 내에서 운용한다. 그 이상의 원거리까지 비행하려면 해당 비행허가기관에 허가를 받아서 운용한다.

초경량비행장치 비행 및 항공촬영하기

⁞ 초경량비행장치 드론 "비행승인" ⁞

우리나라는 이남 지역에 대해 각 공역별로 비행구역을 구분하고 있다. 공역마다 비행이 가능한 지역이 별도로 있으므로 사전에 비행 가능지역 확인이 필요하다. 비행이 금지되거나 제한되는 곳에서 별도의 허가를 받지 않고 비행을 하면 행정처분을 받게 되니 반드시 비행 가능여부를 확인하도록 한다.

반면 허가 필요 없이 비행이 가능한 장소도 있는데 관제권, 비행금지구역을 제외한 구역에서 다음의 사항일 경우 별도의 허가를 받지 않고 비행할 수 있다. <항공안전법 시행규칙 제308조>

① 비행 고도 150m 미만에서 비행

② 기체의 최대 이륙 중량 25kg 이하

　※ 이륙중량 : 기체에 물건을 달거나 연료무게 등을 모두 합산한 이륙할 때의 중량

③ 연료를 제외한 자체무게 12kg 이하, 길이가 7m 이하인 것

"제한구역일지라도 비행고도 150m 미만, 이륙 중량 25kg 이하, 육안거리 비행이면
별도의 허가를 받지 않아도 비행이 가능하다."

⁞ 초경량비행장치의 비행가능구역을 간편하게 알 수 있는 'Ready to Fly' App ⁞

우리나라 전역에 대해 드론 비행이 가능한 지역을 손쉽게 알 수 있고 허가가 필요할 경우 관련 승인기관 등을 알 수 있는 비행 편의 App 'Ready to Fly'는 스마트폰, 태블릿 등에서 다운받아 누구나 간편하게 사용할 수 있다. 국토교통부와 사단법인 한국드론협회가 협업하여 만들어진 이 App은 드론 조종자들에게 필수로 널리 이용되고 있다.

※ Ready to Fly App의 주요 지원 기능
  - 대한민국 전역에 대한 각 공역·구역 확인
  - 검색기능으로 각 지역별로 비행 가능구역 확인
  - 지구 자기장 관측지수 및 예보 지원
  - 초경량비행장치 조종자 유의사항 열람
  - 초경량비행장치 운용관련 각종 자료 확인
  - 현 조종사 위치에 대한 비행 가능여부 확인
  - 지역별 허가 기관 안내

초경량비행장치 드론 항공촬영 승인

초경량비행장치 드론은 공역에 따라 비행 승인과 함께 항공촬영 허가도 받아야 한다. 일반적으로 비행이 자유로운 구역에서는 별도의 항공촬영 허가가 필요없지만 관제, 금지, 제한구역 등 비행 자유구역을 제외한 모든 구역에서는 항공촬영 허가를 받아야 한다. 또한 비행 자유구역이라도 군경보안시설, 국가 주요시설, 기타 특별 관리지역이 있다면 해당기관에 비행 및 촬영 승인을 받아야 한다.

구 분	비행승인	항공촬영승인
관제권, 비행금지구역	○	○
비행제한구역 - 이륙 중량 25kg 이내 - 고도 150m 미만 - 육안거리 비행 - 야간비행 제외	× (예외지역 : 서울지역은 수도방위 사령부, 관할지역 항공청 등에 승인 필요)	○
비행 자유구역	× (군경보안시설, 주요 국가시설 등의 별도 허가 필요)	× (군경보안시설, 주요 국가시설 등의 별도 허가 필요)

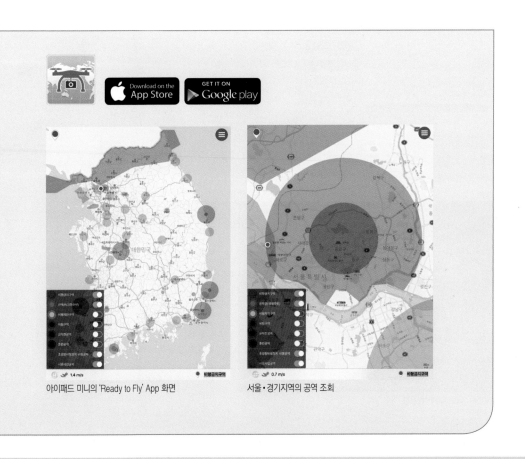

아이패드 미니의 'Ready to Fly' App 화면   서울·경기지역의 공역 조회

초경량비행장치 비행 승인신청, 항공촬영 허가신청 방법

"통제구역 내에서 비행해서는 아니된다" - 항공안전법 제79조 2항

다만, 국토교통부령으로 정하는 바에 따라 국토교통부장관의 허가를 받아 그 공역에 대하여 국토교통부장관이 정하는 비행의 방식 및 절차에 따라 비행하는 경우에는 그러하지 아니하다.

※ 통제구역 : 비행금지구역, 비행제한구역, 초경량비행장치 비행제한구역(항공안전법 제78조)

※ 비행제한구역 승인 예외사항 : 서울지역을 제외하고 비행고도 150m 미만, 최대 이륙 중량 25kg 이하, 야간비행 제외, 육 안거리 내 비행일 경우는 별도 승인 필요 없음(항공안전법 시행규칙 제308조).

비행 승인 및 항공촬영 허가 신청

• 비행 승인신청 : 공휴일을 제외한 근무일 기준 비행 7일 전에 항공운항원스탑 민원처리시스템 사이트에서 신청한다.
www.onestop.go.kr/drone

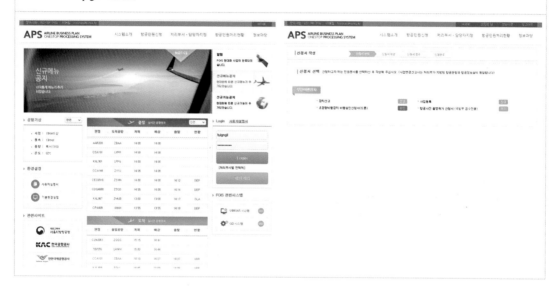

〈서울 수도권 공역〉 자료출처 : 국토교통부, 항공청

서울 지역은 비행제한구역일지라도 항공촬영과 수도방위사령부의 비행승인을 모두 받아야 한다.

• 비행제한구역에서는 이륙중량 25kg 이하, 고도 150m 미만, 야간비행 제외, 육안거리 비행 시에는 별도의 비행승인은 필요하지 않다. 하지만 서울과 수도권지역에는 대통령령에 의해 비행제한구역일 지라도 영리든 비영리든 수도방위사령부로부터 반드시 비행승인을 받아야 하고 항공촬영 허가도 받도록 하고 있으니 서울수도권 비행 시 허가 및 승인을 꼭 받도록 한다. 허가 및 승인 없이 서울지역 비행 시 신고대상이며 행정처분을 받을 수 있다.

*서울지역 비행승인 및 항공촬영 문의
-비행승인 : 서울지방항공청 항공운항과 (032-740-2153)
-항공촬영 : 02-524-3346

합법적인 비행 및 항공사진 촬영 – '기체신고 및 사업등록'

초경량비행장치의 안전한 운용을 위해 항공법 제23조 및 항공안전법 제 122조 및 시행규칙 제 301조에서는 초경량비행장치를 용도와 사양에 따라 기체 신고 및 영리목적이라면 사업등록까지 하도록 되어 있다. 기체의 사양과 용도에 따라 신고 또는 사업등록이 다르고 위반 시 행정처분이 따르므로 자신의 목적에 맞게 반드시 관련 행정절차를 받아두도록 한다.

2019년 10월 기준

종류			장치신고	조종자증명	조종자 준수사항	보험 가입
안전 관리 제도	자체 중량 12kg 초과	사업용	○	○	○	○
		비사업용	○	×	○	×
	자체 중량 12kg 이하	사업용	○	×	○	○
		비사업용	×	×	○	×
위반 시 처벌 기준		징역	6개월	1년 이하	-	-
		벌금	500만 원	1천만 원 이하	-	-
		과태료	-	300만 원	200만 원	500만 원

종류			안전성 인증검사	비행승인		
				비행금지구역	관제권	일반 공역
안전 관리 제도	최대 이륙 중량 25kg 초과	사업용	○	○	○	○
		비사업용	○	○	○	○
	최대 이륙 중량 25kg 이하	사업용	×	○	○	×
		비사업용	×	○	○	×
위반 시 처벌 기준		징역	-	-	-	-
		벌금	-	-	-	-
		과태료	500만 원	200만 원	200만 원	-

자료출처 : 항공청

드론 보험 '안전사고를 방지하고 만일을 대비 드론보험 가입'

• 드론은 상공을 비행하는 물체다. 조종자의 조종 미숙, 장애 발생 등으로 추락할 시 발생하는 인명 피해는 매우 크다. 안전하게 비행하는 것이 제일 중요하지만 만일을 대비하여 시중의 드론보험(가칭)에 가입해두자.

• 드론을 사업용으로 사용할 때는 기체 중량에 관계없이 반드시 드론 안전을 위하여 보험에 가입하여야 한다. 보험가입이 되어야 초경량비행장치 사용 사업등록도 할 수 있다.

항공법에는 영리목적으로 사용 시 자동차손해배상보장법 시행령 제3조에 명시한 사고손해액에 부합되는 보험을 들어야 한다. (항공사업법 제 70조,항공안전법 시행규칙 제 312조의 2)
- 드론 보험 가입 대상 : 드론을 영업/업무용으로 사용하기 위함(개인 취미용, 레저용은 의무사항이 아님). → '영업용 배상책임 보험'
- 의무 가입 조건 : 대인 1억 5천, 대물 2천 이상 설정
- 가입보험사 : KB손해보험, 동부화재, 현대해상 등

기체신고 및 사업등록은 기존의 원스탑(www.onestop.go.kr)에서 시행되었으나 2018년 10월부터 정부24 (https://www.gov.kr)로 변경되었다.

항공촬영 시 유의할 점

• 드론 항공촬영으로 인한 촬영물은 나 혼자만의 것이 아니다.

  - 타인의 재산, 안전, 사생활을 침해하지 않는 범위 안에서 이루어져야 한다.

  - 국가기관으로부터 촬영 허가를 받았다 하더라도 민간 토지나 민간 소유 건물을 촬영할 때는 그 용도에 따라 사전 양해와 필요시 소유주로부터 허가를 받고 하여야 한다.

  - 상업적인지 비상업적 용도인지 면밀히 검토하여 사전 협의를 하고 진행하는 것이 좋다. 또한 드론 카메라는 넓은 화각을 가지므로 뜻하지 않게 불특정 개인이나 차량, 건물 이름 등이 찍힐 수 있으므로 이로 인한 사생활 침해로 문제가 생기지 않도록 한다.

• 사전에 현장 답사를 한다.

필자는 촬영이 있는 당일 이전에 아주 먼 거리가 아니라면 사전에 현장을 미리 답사를 한다. 현장의 주변상황, 지형지물, 기체의 신호상태(GPS, Compass 등), 이륙 위치, 비행경로 등을 사전에 검토하여 당일 우발적인 원인으로 비행이 불가하거나 촬영이 지체되는 현상을 최소화해야 작업 성공률이 높다.

• "현장 주변 지형지물, 기체 신호상태, 이륙 위치 설정, 비행경로, 촬영 구도 등은 사전에 답사하여 최상의 컨디션으로 촬영을 할 수 있도록 하자"

• 배터리 상태 및 여분 배터리, 조종기 배터리, 소모품 등 사전 점검 및 보충

팬텀은 짧은 비행시간(20여 분)에 비해 원하는 촬영물이 나오려면 시간이 더 많이 걸리는 것이 대부분이다. 미리 완충된 여분 배터리(3~5개)와 저장 매체 SD 메모리 카드 등을 준비한다.

- 팬텀 3의 경우 배터리는 3~5개, SD 메모리 카드는 16G를 기준으로 3개 정도 준비한다.
- 현장에서 기체 전원을 넣은 후 신호 수신, 카메라 세팅, 자세 세팅, 비행 코스 테스트 비행 등을 하고 나면 배터리 1개는 금방 소진하게 된다. 여분 배터리를 충분히 준비하여 원하는 영상을 찍는 데 무리가 없도록 한다.
- SD 메모리 카드는 성공적인 영상 샷이 촬영되면 저장 공간이 남았더라도 만일을 대비하여 다음 메모리 카드로 교체해서 촬영을 한다. 한 개의 메모리에 많은 영상을 저장한 채 비행 중 갑작스런 기체 사고 또는 기체를 분실한다면 애써 찍어 놓은 이전의 영상들도 모두 손실되므로 중요하고 성공적인 샷을 획득했을 때는 다음 비행 시에 다른 메모리 카드로 교체하여 비행, 촬영하는 것이 데이터 손실을 미리 방지할 수 있다.

• 문제가 발생하거나 발생여지가 있을 시에는 비행하지 않는다.

모든 준비를 잘 하였더라도 촬영 당일 현장의 다양한 상황에 따라 비행이 어렵거나 비행 여건이 좋지 못할 때가 있다. 날씨, 풍속, 온도 상태부터 기체 신호 등이 불량할 때는 과감히 비행을 중단할 줄도 알아야 한다. 드론은 하늘을 나는 물체이기 때문에 예상치 못한 막대한 사고를 유발할 수 있다. 가장 중요한 것은 '안전'이다. 상황에 따라 비행을 포기하거나 중단할 수 있는 냉철한 판단력도 필요하다.

❖❖ 드론 안전 비행 수칙(2016년 12월 21일 기준) ❖❖

Chapter 4

미디어 제작 매체로서의 드론

DJI 팬텀 3 프로페셔널

DJI 팬텀 3 어드밴스

01 항공 영상 촬영의 드론

최근 3년 사이 중국의 DJI는 산업, 개인용 드론에 관련된 기술을 고도화하고 정밀, 소형화시켜 산업체는 물론 일반 개인들도 손쉽게 고화질, 고품질의 항공촬영을 할 수 있도록 드론 대중화를 견인해 왔다. 기체 자세 제어, 항공촬영 카메라, 짐벌 하드웨어부터 조종 App 등의 소프트웨어까지 총괄적인 개발과 우수한 기술을 선보이며 드론산업계의 선도적 위치를 지키고 있다. 인터넷이나 소셜 네트워크(페이스북, 트위터 등), 유튜브 등에서 개인이 제작한 항공 영상물들을 어렵지 않게 볼 수 있다. 불과 수년 전까지만 해도 항공촬영은 헬기 등을 이용하여 높은 비용부담과 시간이 요구되었고 일반인들에게는 감히 접할 수 없는 영역이었다. 하지만 멀티콥터라는 제품을 가지고 안정적인 비행과 공중에서 흔들림을 최소화하는 짐벌, 가볍고 고화질의 카메라들로 구성된 초경량무인항공기 드론이 개발되고 대중에 유통되면서 누구나 간편하게 항공촬영이 가능하게 되었고 일반사용자도 크게 증가했다.

출처 : dji.com

DJI 인스파이어1 프로

DJI 팬텀 4

DJI 팬텀 3 스탠다드

항공촬영을 위한 기본 준비 '팬텀 3 드론'

2015년 4월 DJI는 기존 개인용 드론 팬텀 시리즈를 보완하여 팬텀 3를 출시했다. 팬텀 3는 외관은 비슷하나 사양별로 스탠다드, 어드밴스, 프로페셔널 3종의 라인업을 가지고 출시되었다.

구 분		팬텀 3 프로페셔널	팬텀 3 어드밴스	팬텀 3 스탠다드
기 체	무게	1,280g	1,280g	1,216g
	크기(프로펠러 제외 대각선 길이)	350mm	350mm	350mm
	최대 속도	16m/s(ATTI mode)	16m/s(ATTI mode)	16m/s(ATTI mode)
	최대 고도	6,000m	6,000m	6,000m
	GPS 모드	GPS/GLONASS	GPS/GLONASS	GPS 내장
	최대 비행 시간	약 23분	약 23분	약 25분
	기체 운영 온도	0℃ ~ 40℃	0℃ ~ 40℃	0℃ ~ 40℃
짐 벌	짐벌 조정 범위	피치 -90˚~+30˚	피치 -90˚~+30˚	피치 -90˚~+30˚
	스테빌라이저	3축	3축	3축
리모트 컨트롤러	동작 주파수	2.400GHz ~ 2.483GHz	2.400GHz ~ 2.483GHz	5.725GHz ~ 5.825GHz
	최대 전송 거리	5,000m(장애물 없는 야외 시)	5,000m(장애물 없는 야외 시)	FCC: 1000 m; CE: 500 m
인텔리 전트 배터리	용량	4,480mAh	4,480mAh	4,480mAh
	전압	15.2V	15.2V	15.2V
	작동온도	-10˚ ~ 40℃	-10˚ ~ 40℃	-10˚ ~ 40℃
카메라	센서타입	1/2.3" CMOS	1/2.3" CMOS	1/2.3" CMOS
	렌즈	FOV 94˚ 20mm(35mm 포맷 상응), f/2.8, 초점 ∞	FOV 94˚ 20mm(35mm 포맷 상응), f/2.8, 초점 ∞	FOV 94˚ 20mm(35mm 포맷 상응), f/2.8
	ISO	100-3,200(비디오) 100-1,600(사진)	100-3,200(비디오) 100-1,600(사진)	100-3,200(비디오) 100-1,600(사진)
	셔터스피드	8초 -1/8,000초	8초 -1/8,000초	8초 -1/8,000초
	이미지 최대사이즈	4,000×3,000	4,000×3,000	4,000×3,000

카메라	비디오녹화모드	• UHD : 4096×2160p 24/25, 3840×2160p 24/25/30 • FHD : 1920×1080p 24/25/30/48/50/60 • HD : 1280×720p 24/25/30/48/50/60 • 2.7K : 2704×1520p 24/25/30(29.97)	• 2.7K : 2704×1520p 24/25/30(29.97) • FHD : 1920×1080p 24/25/30/48/50/60 • HD : 1280x720p 24/25/30/48/50/60	• 2.7K : 2704×1520p 24/25/30(29.97) • FHD : 1920×1080p 24/25/30 • HD : 1280×720p 24/25/30/48/50/60
	SD 카드 타입	마이크로 SD 카드 최대 용량 : 64GB, Class 10 또는 UHS-1	마이크로 SD 카드 최대 용량 : 64GB, Class 10 또는 UHS-1	8GB 마이크로 SD 카드 포함
	최대 영상 비트레이트	60Mbps	40Mbps	40Mbps
	작동온도	0° ~ 40℃	0° ~ 40℃	0° ~ 40℃
비전 포지셔닝 시스템	속도 범위	이하 8m / 초의 (지상 2m)	이하 8m / 초의(지상 2m)	-
	고도 범위	30cm-300cm	30cm-300cm	-
	작동 범위	50cm-300cm	50cm-300cm	-
	작동 환경	명확한 패턴과 적절한 조명과 표면 (〉15 럭스)	명확한 패턴과 적절한 조명과 표면 (〉15 럭스)	-
App	애플리케이션	DJI GO	DJI GO	DJI GO

•• 항공촬영 드론 '팬텀 3 프로페셔널' 기체 알기 ••

각 부위 주요 명칭

① **프로펠러** : 검정색(블랙)과 은색(실버)의 2종류로 구분되어 있다. 모터축의 색깔이 구분되어 있어 프로펠러는 각 색깔과 동일한 것을 모터에 고정한다. 프로펠러의 위치가 잘못 장착되면 이륙 시 바로 넘어지게 되므로 꼭 색깔이 맞는 곳에 장착한다.

② **모터** : 브러시리스 모터로 강한 힘을 가지고 있으며 컨트롤에 잘 반응한다. 모터축마다 색으로 구분해서 프로펠러를 잘못 장착하지 않도록 되어 있다.

③ **열 통풍구** : 배터리와 내부 장치들에 의해 생기는 열을 배출한다.

④ **전면 라벨 스티커** : 팬텀 3 프로페셔널, 어드밴스, 스탠다드는 각각 전면 라벨 스티커 색이 다르다. 프로페셔널은 금색, 어드밴스는 은색, 스탠다드는 적색으로 구분되며 전면에 붙어있어 기체의 방향을 외관상으로 쉽게 구분해준다.

⑤ **랜딩 스키드** : 랜딩기어라고도 하며 착륙 시 기체와 카메라를 보호하고 비상시 손으로 이 부분을 잡아 착륙시키기도 한다.

⑥ **GPS 모듈** : 겉으론 보이지 않지만 최상의 GPS신호를 잡기 위해서 기체 몸체의 상판 중앙에 자리잡고 있다.

⑦ **마이크로 USB 포트** : 기체의 펌웨어를 업데이트할 때 사용한다.

⑧ **4K 카메라** : 팬텀 3 프로페셔널은 팬텀 3 시리즈 중 4K 초고화질 영상 촬영이 가능하며 12메가 픽셀의 고화소 사진 촬영도 가능하다.

은색 프로펠러는 은색축의 모터에, 검정색 프로펠러는 검정색축의 모터에 장착하여야 한다.

⑨ **짐벌(GIMBAL)** : 3축 짐벌로 기체의 진동 및 움직임에 따라 카메라를 안정적으로 유지시켜 준다. 팬텀 3는 상하각(틸트, Tilt) 동작만 가능하다.

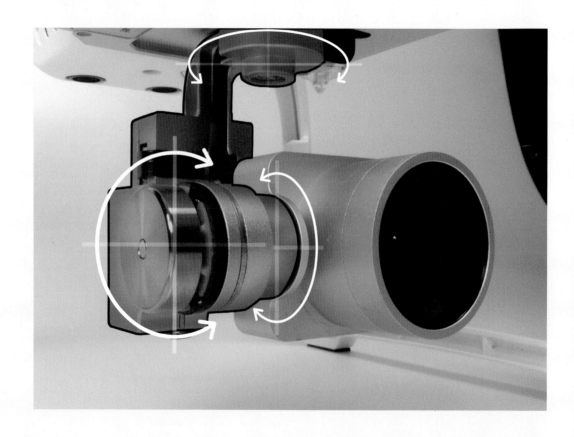

⑩ **비전 포지셔닝 센서** : 초음파신호를 이 용하여 거리를 측정하고 마이크로카메 라로 지면의 상태를 측정하여 기체의 안정적인 비행을 돕는다. 비전 포지셔닝 센서는 30cm~300cm 내의 고도에서 작 동한다. 팬텀 3의 비전 포지셔닝 센서는 2개의 초음파 센서부와 1개의 마이크로 카메라로 구성되어 있으며, 초음파를 쏘아 되돌아오는 시간을 재서 거리를 측정하고 카메라로 지면을 촬영하여 지면의 모양과 패턴을 인식한 후 자신의 위치와 자세를 잡는다.

⑪ **팬텀 3 인텔리전트 배터리** : 완충 시 약 15~23분간 비행을 가능하게 한다. 스마트 기능을 탑 재하고 있어 App에서 배터리 온도 및 전압 상태 등을 모니터링할 수 있으며 자체적으로 과 충전 보호기능을 갖추고 있다.

낮음 ⇐ 배터리 충전상태 ⇒ 높음

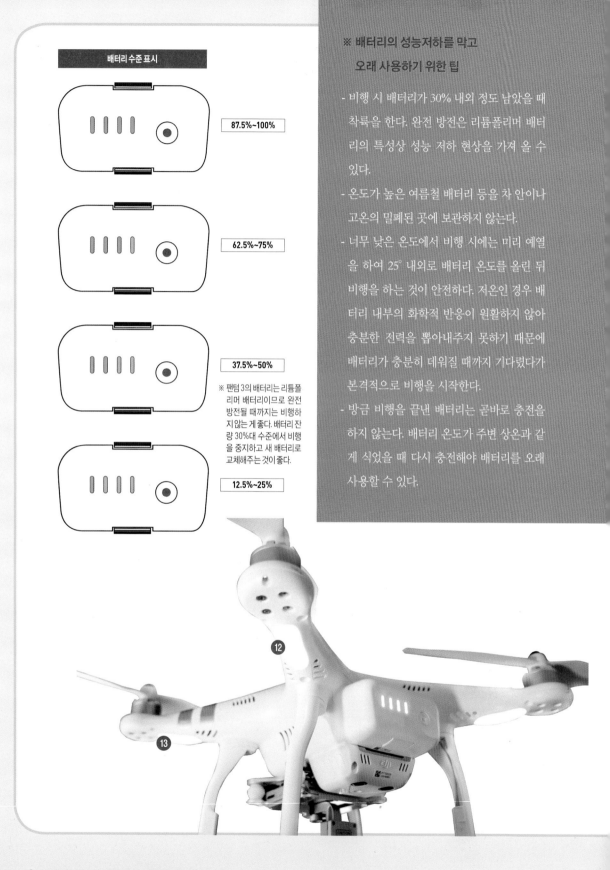

배터리 수준 표시

87.5%~100%

62.5%~75%

37.5%~50%

※ 팬텀 3의 배터리는 리튬폴리머 배터리이므로 완전 방전될 때까지는 비행하지 않는 게 좋다. 배터리 잔량 30%대 수준에서 비행을 중지하고 새 배터리로 교체해주는 것이 좋다.

12.5%~25%

※ 배터리의 성능저하를 막고
　오래 사용하기 위한 팁

- 비행 시 배터리가 30% 내외 정도 남았을 때 착륙을 한다. 완전 방전은 리튬폴리머 배터리의 특성상 성능 저하 현상을 가져 올 수 있다.

- 온도가 높은 여름철 배터리 등을 차 안이나 고온의 밀폐된 곳에 보관하지 않는다.

- 너무 낮은 온도에서 비행 시에는 미리 예열을 하여 25° 내외로 배터리 온도를 올린 뒤 비행을 하는 것이 안전하다. 저온인 경우 배터리 내부의 화학적 반응이 원활하지 않아 충분한 전력을 뽑아내주지 못하기 때문에 배터리가 충분히 데워질 때까지 기다렸다가 본격적으로 비행을 시작한다.

- 방금 비행을 끝낸 배터리는 곧바로 충전을 하지 않는다. 배터리 온도가 주변 상온과 같게 식었을 때 다시 충전해야 배터리를 오래 사용할 수 있다.

- 배터리는 20회 사용 시, 1번 주기로 잔량을 8% 미만으로 방전시키고 완충을 해주는 배터리 헬스 리사이클 작업을 해주는 것이 좋다.
- 상온과 같거나 조금 서늘한 곳에 보관하고 장기간 사용치 않을 때는 배터리 잔량을 60%대로 남겨둔다.

⑫ **기체 후면 기체 상태표시 LED램프** : 팬텀 3 기체 하부에는 전면 2개, 후면 2개의 LED 표시 램프가 있다. 후면 2개의 불빛은 각 기체 상태에 따라 점등된다.

〈평상시〉

점등 색	동작	상태
	처음 적, 녹, 노랑 → 녹색, 노란색 점멸	전원 ON 상태 자가진단 체크, 워밍업
	녹색 천천히 점멸	안전비행 가능 상태, Ready to go(GPS)
	녹색이 2번씩 점멸	안전비행 가능 상태(비전 포지셔닝 모드)
	노란색 점멸	안전비행 가능 상태(GPS, 비전 포지셔닝 비활성, Atti 모드상태)

〈경고 시〉

점등 색	동작	상태
	노랑 빠르게 점멸	조종기와 신호 끊김
	적색 느리게 점멸	LOW 배터리 경고
	적색 빠르게 점멸	심각한 LOW 배터리 경고
	적색 빠르게 점멸	캘리브레이션 에러
	적색 점등	심각한 에러
	노랑, 적색 번갈아 점멸	컴퍼스 캘리브레이션 필요

⑬ **기체 전면 LED** : 전면의 LED는 적색으로 기체 전면 방향을 알 수 있게 한다.

02 항공촬영용 카메라

팬텀 3 프로페셔널 짐벌 및 카메라의 주요 스펙

∷ 팬텀 3 프로페셔널의 고품질 카메라 ∷

팬텀 3 프로페셔널의 카메라는 화각이 94°로 넓다. 주로 풍경이나 전경을 촬영할 때 좋고 근접 촬영 시 실제 피사체와 기체 거리에 비해 영상에서는 피사체가 작게 보이니 촬영 비행 시 피사체의 안전거리에 주의하여야 한다. 팬텀 3 스탠다드, 어드밴스와 달리 유일하게 팬텀 3 라인업 중 4K(UHD)촬영이 가능하여 우수한 고화질 영상을 촬영할 수 있다.

- **짐벌**
  - 스테빌라이제이션 : 3축
  - 조정범위 : 피치(상하각) −90°에서 +30°
- **카메라**
  - 센서 : 1/2.3"CMOS, 유효 픽셀 수 12.4M(총 픽셀 수 : 12.76M)
  - 렌즈 : FOV 94° 20mm(35mm 포맷 상응) f/2.8, 초점 ∞
  - ISO 범위 : 100-3200(비디오), 100-1600(사진)
  - 셔터 스피드 : 8초 −1/8000초
  - 이미지 최대 사이즈 : 4000×3000
  - 이미지 모드
    ⓐ 싱글 샷
    ⓑ 연속 촬영 : 3/5/7 장
    ⓒ 자동 노출 브라케팅(AEB) : 3/5
    ⓓ 브라케팅 프레임 0.7EV 스텝
    ⓔ 타임 랩스
  - 비디오 녹화 모드
    ⓐ UHD : 4096x2160p 24/25, 3840x2160p 24/25/30
    ⓑ FHD : 1920x1080p 24/25/30/48/50/60
    ⓒ HD : 1280x720p 24/25/30/48/50/60
    ⓓ 2.7K : 2704 x1520p 24/25/30(29.97)
  - SD 카드 타입 : 마이크로 SD 카드, 최대 용량 64GB, Class 10 또는 UHS-1
  - 최대 영상 비트레이트 : 60 Mbps
  - 지원 파일 시스템 : 마이크로 SD 카드 FAT32(≤32GB) / exFAT(〉32GB)
  - 작동 온도 : 32°에서 104°F(0°에서 40℃)

[팬텀 3 프로페셔널의 카메라]
4K 촬영 가능, 렌즈 고정형, f2.8,
무한대 초점, FOV 94° 20mm

❖❖ 인스파이어 젠뮤즈 X3 고품질 카메라 ❖❖

[인스파이어 젠뮤즈 X3 카메라]
4K 촬영 가능, 렌즈 고정형, 360° 회전가능, f2.8, 무한대 초점, FOV 94° 20mm

❖❖ 인스파이어 젠뮤즈 X5 렌즈 교환식 고품질 카메라 ❖❖

[인스파이어 젠뮤즈 X5 렌즈
교환식 카메라]
마이크로포서드 센서,
4K 촬영 가능, 렌즈 교환형,
360° 회전 가능, 렌즈에 따라
다양한 촬영 가능

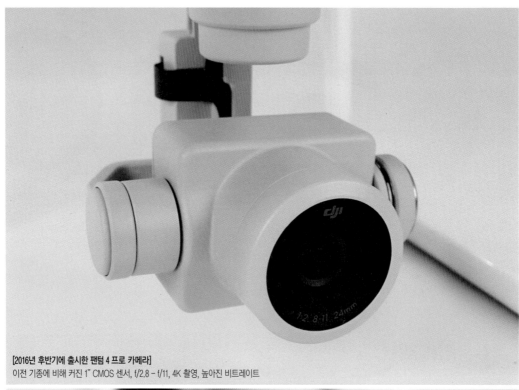

[2016년 후반기에 출시한 팬텀 4 프로 카메라]
이전 기종에 비해 커진 1" CMOS 센서, f/2.8 - f/11, 4K 촬영, 높아진 비트레이트

Chapter 5

DJI GO 카메라 항공 촬영하기

01 드론 카메라 설정하기

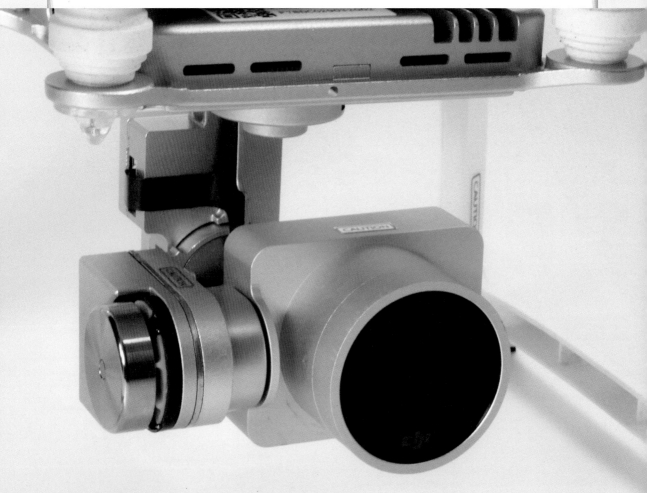

사용 기체 : 팬텀 3 프로페셔널
사용 App : DJI GO

　　팬텀 3 조종 App인 DJI GO에는 기체 비행과 카메라 사용의 전반적인 것들을 설정할 수 있다. 촬영에는 여러 가지 환경적 변수가 많으며 날씨, 온도 등도 작품에 영향을 끼칠 수 있으므로 카메라 설정 방법을 확실히 숙지하도록 한다.

• 기체의 비행준비가 모두 완료되면 나오는 화면(사용 태블릿 : 아이패드 미니4 셀룰러)

① 현재 카메라 설정상태를 볼 수 있으며, 감도(iso), 셔터스피드(Shutter), 노출(EV), 화이트밸런스(WB), 촬영물 저장형태, 성능, 초점모드 등이 표시된다.

② 카메라 설정 시 사용하는 메뉴로서 사진촬영모드 📷 , 비디오 촬영모드 🎥 두 가지 모드로 설정하고 직접적으로 촬영을 할 수 있다.

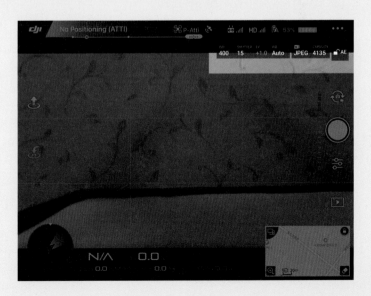

사진촬영모드

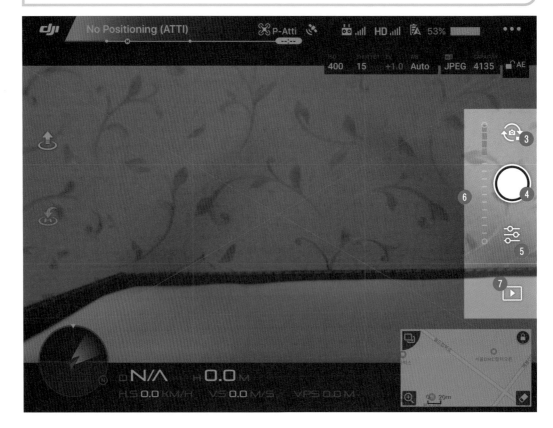

③ 사진촬영모드, 비디오촬영모드 전환 아이콘
한 번씩 터치할 때마다 사진촬영모드 🔄,
비디오모드 🔄 로 전환된다.

④ 사진촬영모드 시 셔터버튼
사진촬영모드 시 터치하면 사진을 촬영한다.

⑤ 카메라 고급설정 모드
카메라의 감도, 셔터스피드, 노출 등을 설정할 수
있는 고급메뉴로 들어간다.

⑥ 카메라 틸트(상하)각도 변화를 표시한다.

⑦ 재생버튼
촬영된 사진이나 동영상을 재생해 볼 수 있다.

카메라 고급설정모드

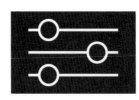

카메라 설정창 세 번째 버튼으로 카메라 고급설정 모
드 메뉴가 있다. 감도, 셔터스피드 등의 카메라 촬영
설정부터 데이터 형식, 분위기, 효과 등의 다양한 설
정을 할 수 있다.

∷ 카메라 기본 설정모드 ∷

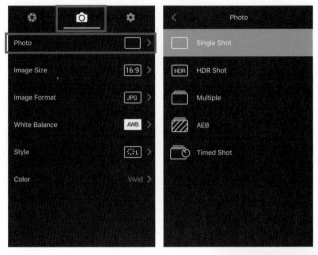

◀ • Photo

사진촬영 모드이다. 한 번에 한 장씩 촬영하는 Single Shot(싱글 샷), 밝고 어두운 범위를 이용한 HDR Shot, 한 번에 여러 장을 찍는 Multiple(멀티플), 노출에 따라 촬영하는 AEB, 셀프타이머 촬영기능의 Time Shot(타임 샷) 등을 설정한다.

• Image Size ▶

촬영될 사진의 가로세로의 화면 비율을 설정한다. 4:3 비율과 시네마비율인 16:9 비율이 있다.
- 4:3 비율 : 4:3 모드는 팬텀 3 프로페셔널 카메라의 1천2백만 화소 전체 사이즈인 4,000×3,000로 기록된다.
- 16:9 비율 : 16:9 모드는 4:3에서 위아래 일부를 잘라낸 4,000×2,250으로 저장된다.

◀ • Image Format

사진 촬영 시 저장될 이미지포맷을 설정한다.
- RAW : RAW 이미지는 무손실 최소압축이미지로서 사진의 데이터를 그대로 가지고 있으며 나중에 후보정을 하기 위해 사용한다. RAW 파일은 그대로 인터넷에 올려 사용할 수 없고 이미지 편집 프로그램을 거쳐야만 온라인상에서 사용할 수 있다.
- JPG : 일반 압축된 스틸이미지 포맷이다.
- JPG+RAW : 저장 시 JPG 파일과 RAW 파일을 함께 생성한다. 따라서 한 컷을 촬영하면 JPG 이미지와 RAW 데이터 이미지로 2개의 파일이 저장된다. RAW는 사후에 보정을 위해, JPG는 일반 보정된 것으로 바로 활용할 수가 있다. 필자는 보통 보정과 빠른 활용을 위해 JPG+RAW 모드로 촬영하고 있다.

• **White Balance 화이트 밸런스** ▶

촬영 시 화이트밸런스를 설정한다. 촬
영장소의 빛의 색온도에 따라 사진의
전체 톤을 조정하는데 자동모드, 맑은
날, 흐린 날, 형광등, 백열등으로 광원에
따라 맞게 조정하거나 별도로 임의로
색을 변경할 수도 있다.

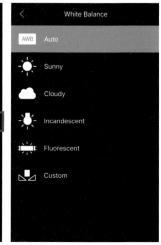

- 색온도{(Color Temperature,
  단위는 K(캘빈)} : 물체의 온
  도에 따라 시각적으로 보이는
  색감과 밝기가 다른데 자연광
  에서는 온도가 낮을수록 붉은
  계열로, 온도가 높을수록 푸른
  계열로 보이게 된다.

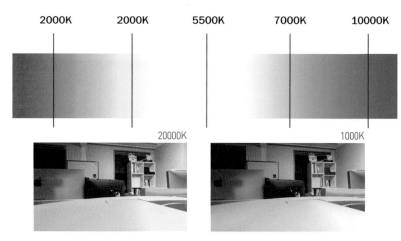

- D-log : 색상에 아무것도 적용하지 않는 모드, 보정에 용이한 컬
  러범위가 넓어져 촬영 후 보정을 목적으로 할 때 주로 사용한다.

- D-Cinelike : 부드럽고 소프트한 느낌이 연출된다.

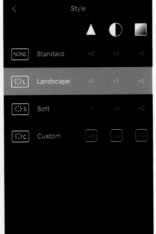

◀ - Standard : 사진에 샤프니스, 콘트라스트 등을 적용하지 않은 상태, 일반 모드이며 대부분 이 설정으로 촬영한다.
- Landscape : 주로 풍경(Landscape) 촬영 시 사용하며 전체적인 색감과 섬세한 디테일이 필요할 때 사용한다.
- Soft : 샤프니스와 콘트라스트를 약하게 하여 부드러운 느낌을 연출한다.
- Custom : 촬영자가 임의로 샤프, 콘트라스트, 채도 등을 직접 조정하여 원하는 화질을 만들어낼 수 있다.

• **Color** ▶

촬영 시 어떤 색상의 콘셉트로 영상을 저장할지 설정한다. 10가지의 사전설정(프리셋)을 이용할 수 있다.

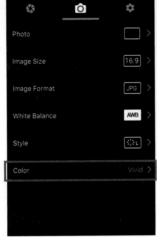

- None : 기본 표준 촬영모드, 자동적으로 색감 등이 조정되므로 일반적으로 많이 사용된다.

- Art : 채도를 높여 선명한 이미지가 된다.

- B&W : 블랙 앤 화이트로 말 그대로
  채도가 없는 흑백으로 촬영된다.

- Vivid : 채도를 매우 높게 하여 색감을 또렷하고 선명하
  게 한다. 주로 밝고 화사한 이미지로 만들 때 사용한다.

- Beach : 해변의 눈부신 태양빛 아래서
  촬영한 것처럼 붉은 빛이 돈다.

- Dream : 꿈 속 같은 느낌으로 색의
  대비, 대조를 억제시킨다.

- Classic : 필름으로 촬영한 듯한 느낌을 준다. 색들이
  고르고 너무 밝거나 너무 어두워지는 현상을 없앤다.

- Jugo : 기존에 Nostal-gia라고도 명칭했었다. 전반
  적으로 세피아톤이 들어가 향수의 느낌을 준다.

D-Cinelike

D-log

None

Art

B&W

Vivid

Beach

Dream

Classic

Jugo

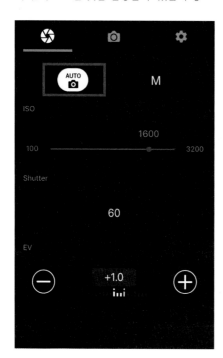

카메라 촬영 설정

카메라 촬영 시 촬영 조건을 설정할 수 있다. 모든 것을 카메라가 자동으로 설정하는 자동모드 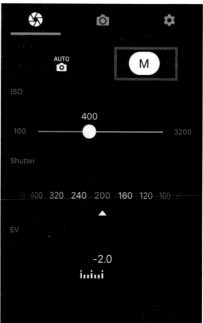 와 촬영자가 임의로 모든 것을 설정할 수 있는 수동모드 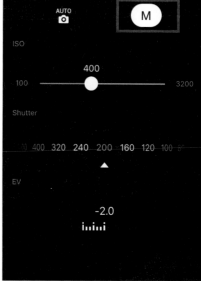 를 지원한다.

❖ Auto, 자동 모드 ❖

감도, 셔터스피드, 노출 등을 촬영 환경에 따라 카메라가 자동으로 설정한다. 초보 입문 시엔 자동모드를 사용하면 간편하게 영상을 담을 수 있지만 빛이 많은 밝은 장소에서 어두운 장소로 옮기면 카메라의 자동모드가 설정을 변경하게 되는데 이때 영상에 화면밝기 밸런스가 깨지는 경우가 있으므로 어느 정도 숙달이 되면 수동모드(M)로 촬영하는 것을 권장한다.

❖ M, 수동모드 ❖

감도, 셔터스피드, 노출 등을 촬영자가 직접 설정한다.

- **ISO 감도 조절**

  ISO 조절 부분을 오른쪽으로 드래그하여 높이면 감도는 올라가지만 화면에 노이즈가 생기기 시작하므로 촬영환경을 고려하면서 조절해야 한다. 팬텀 3 프로페셔널 카메라인 경우 ISO 800을 넘어가면 노이즈가 생기기 시작하므로 피사체를 더 밝게 하든가 후편집 시에 보정을 해야 한다. 팬텀 3 프로페셔널 카메라는 ISO 100에서 최대 3200까지 지원한다.

- **Shutter**

  셔터스피드를 설정한다. 좌우로 밀면서 알맞은 셔터스피드를 선택한다. 감도 ISO와 함께 맞추면서 영상의 밝기, 노출도 등을 설정하면 되는데 동영상 촬영 시에는 최소 80 이상을 주는 것이 좋다.

- **EV**

  촬영물의 밝기를 조정한다. 너무 밝으면 (-)쪽으로, 너무 어두우면 (+)쪽으로 조정한다.

※ 기체가 비행 중일 때 카메라 설정을 변경하기 위해서 조종기의 태블릿을 조정해야 하지만 조종기 오른쪽 앞쪽의 다이얼을 이용하면 신속하게 카메라 촬영 설정을 변경할 수 있다.

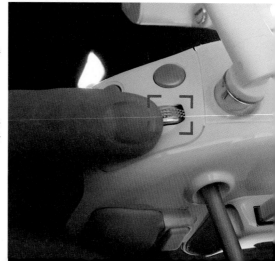

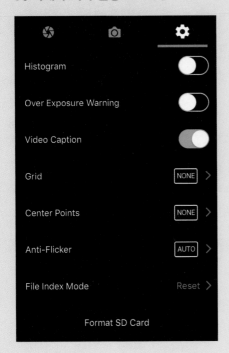

◀ 카메라 사용 시 각종 편의사항 및 보조기능 등을 설정한다.
- Histogram(히스토그램) : 영상의 전체적인 명암 분포도를 그래프로 쉽게 볼 수 있는 옵션
- Over Exposure Warning(과다 노출 경고) : 과다 노출 시 경고하는 알람 기능 이다. 노출이 과하면 하얗게 날아가 버리기 때문에 사전에 과도 노출 시 경고를 할 수 있게 한다.
- Video Caption(비디오 캡션) : 영상 촬영 시 영상 촬영정보를 별도로 생성시킬 수 있는 옵션이다. 일종의 자막파일 형태이며 비디오 캡션을 이용하여 촬영된 영상은 영상 재생 시 화면에 좌표 및 촬영 당시 카메라 세팅 사항들이 나타난다. 영상촬영 후 이 영상의 세팅 값을 나중에 다시 찾으려 할 때 매우 편리하므로 기본으로 켜두는 것이 좋다.

비디오 캡션 기능을 활성화한 영상은 영상 플레이 시 자막형태로 당시 비행로그 등을 볼 수 있다. ▶

◀ • Grid

삼분법 등을 편리하게 이용하기 위해 화면에 그리드를 나타낸다. 필자는 주로 켜두고 촬영한다.

Grid+lines   Grid+Diagonals

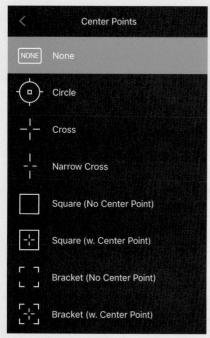

· Center Point

화면 중앙 센터 지점의 표시모양을 설정한다. 7가지의 형태가 있다.

· Anti-Flicker

플리커 현상(형광등 같은 조명 아래서 촬영할 때 일
어나는 화면 깜박이 현상)을 방지하는 설정으로
AUTO(자동), 50Hz, 60Hz 등 세 종류가 있는데 일반적
사용할 때에는 AUTO로 설정하고 쓰면 된다.

• **File Index Mode** ▶

촬영된 콘텐츠마다의 번호 매김 모드이다.
- reset : 촬영이 끝나고 다음 촬영 시 콘텐츠의 번호가
  리셋되어 다시 0001부터 시작된다.
  예) DJI 0001, DJI 0002, DJI 0003...촬영 종료, 촬영 시
      작 DJI 0001, DJI 0002, DJI 0003...
- Continuous : 촬영 후 다음 촬영 시 최종 촬영물 다음
  계속되는 번호를 순차적으로 매긴다.
  예) DJI 0001, DJI 0002, DJI 0003...촬영 종료, 촬영 시
      작 DJI 0004, DJI 0005, DJI 0006...

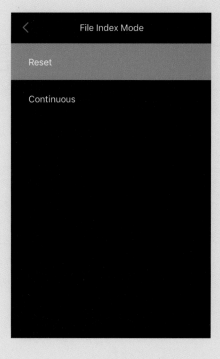

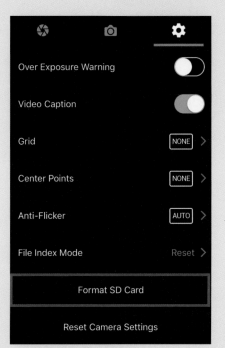

◀ • **Format SD Card**

촬기체에 삽입된 마이크로 SD 카드를 포맷한다. 기체 펌웨어
업그레이드가 갑자기 잘 되지 않거나 촬영된 영상에 문제가 있
을 때는 SD 카드 메모리가 원인이 되는 경우가 있다. 이때 한번
씩 포맷을 해주면 개선되는 경우가 있는데, 특히 필자는 촬영
전날 SD 카드의 모든 데이터를 백업하고 촬영 전 포맷을 해주
고 있다.

- Reset Camera Settings : 카메라 설정, 이미지 설정 등 각종
  변경한 설정을 초기상태로 되돌린다.

※ 카메라 설정이 끝난 후 꼭 테스트 촬영을 해본다.

- 노출, 감도, 밸런스 및 각종 촬영 설정이 끝나면 본 촬영 전 반드시 사전 촬영테스트
  를 해보길 바란다.
- 또한 드론은 높은 고도의 항공에서 촬영하는 것이므로 실제 지면가까이에서 설정
  된 값으로 항공에서 촬영하게 되면 원하지 않는 작품이 나오는 경우가 흔하다.
- 본 촬영에 들어가기 전 사전에 테스트 비행을 하면서 카메라 설정이 최적화되어있
  는지 먼저 체크하고 작업에 임하도록 한다.

02 드론으로 항공 촬영하기

- 사용 기체 : DJI 팬텀 3 프로페셔널

항공 촬영으로 사용될 팬텀 3 프로페셔널 제품이다. 조종기 기준 최대 거리 5Km를 자랑하고, 인텔리전트 배터리로 스펙상 최장 23분간 비행이 가능하지만 안전을 위해 300m 내외로 비행할 것을 권장한다.

좋은 사진, 영상촬영을 위한 기본은 바로 '기초 비행 연습'

지상에서 피사체를 바라볼 때와 드론을 이용하여 상공에서 내려다보는 시점은 지상의 그것과는 또 다른 인상과 감동을 준다. 다양한 피사체나 경관 촬영에 가장 중요시되는 것은 기본 비행연습이며 드론과 한 몸이 된 것처럼 자유자재로 운용할 수 있는 드론 조종 훈련이 되어 있어야 한다.

영상과 사진은 시시각각 변하는 빛의 성질 때문에 지속적이지 않다. 순간의 찰나일 수도, 장소의 변화일 수도 있기 때문에 촬영할 수 있는 시간적 여유는 그리 많지 않다는 것을 현장에 가서 촬영하다 보면 깨닫게 된다. 특히 자동차나 바이크같이 역동적인 피사체를 촬영할 때에는 무엇보다 순발력 있는 조종 능력이 필요하다.

기체와 카메라의 특성을 잘 파악하여 부드럽거나 혹은 빠르게 제어할 수 있어야 하고 기체 동작에 따라 좋은 화각을 잡아내는 카메라 컨트롤도 익숙해져야 한다. 조종능력을 많이 연습해두면 멋진 영상과 사진을 촬영할 수 있다.

기초비행연습

• 직선 이륙 및 착륙

직선 이륙 및 착륙카메라 각도(틸트)는 고정하고 기체 직선으로 이륙(상승) 및 착륙(하강)을 하는 코스이다.

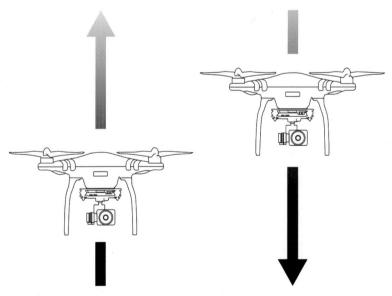

카메라 각도는 고정한 후 기체만 직선으로 상·하 비행한다.

• **직선 전진 및 후진**

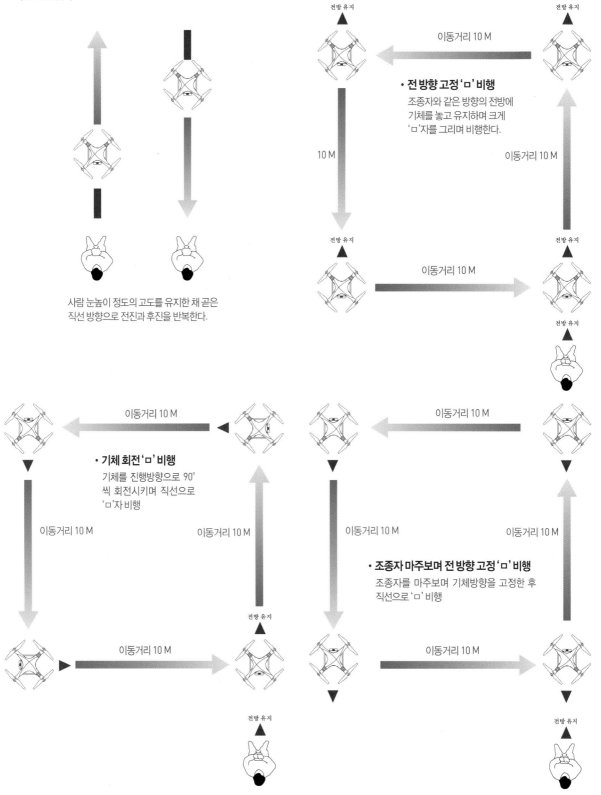

사람 눈높이 정도의 고도를 유지한 채 곧은
직선 방향으로 전진과 후진을 반복한다.

전방 유지

이동거리 10 M

• **전 방향 고정 'ㅁ' 비행**
조종자와 같은 방향의 전방에
기체를 놓고 유지하며 크게
'ㅁ'자를 그리며 비행한다.

10 M

이동거리 10 M

전방 유지

이동거리 10 M

전방 유지

이동거리 10 M

• **기체 회전 'ㅁ' 비행**
기체를 진행방향으로 90°
씩 회전시키며 직선으로
'ㅁ'자 비행

이동거리 10 M

이동거리 10 M

이동거리 10 M

이동거리 10 M

이동거리 10 M

• **조종자 마주보며 전 방향 고정 'ㅁ' 비행**
조종자를 마주보며 기체방향을 고정한 후
직선으로 'ㅁ' 비행

이동거리 10 M

이동거리 10 M

전방 유지

이동거리 10 M

이동거리 10 M

전방 유지

전방 유지

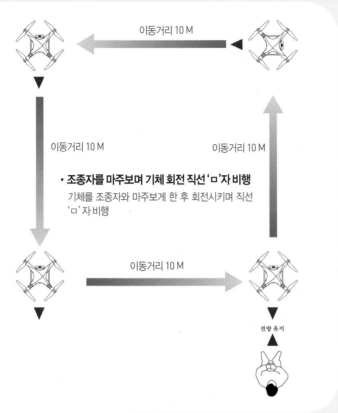

이동거리 10 M

이동거리 10 M

이동거리 10 M

이동거리 10 M

- **조종자를 마주보며 기체 회전 직선 'ㅁ'자 비행**

  기체를 조종자와 마주보게 한 후 회전시키며 직선 'ㅁ'자 비행

전방 유지

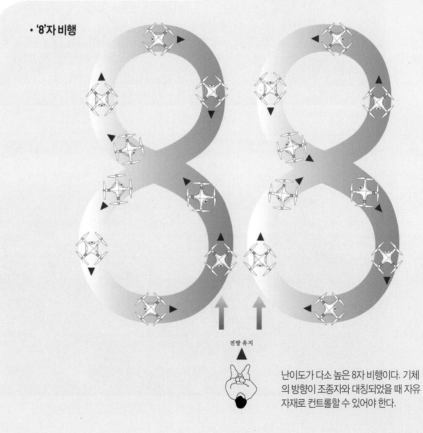

- **'8'자 비행**

전방 유지

난이도가 다소 높은 8자 비행이다. 기체의 방향이 조종자와 대칭되었을 때 자유자재로 컨트롤할 수 있어야 한다.

하늘에서 앵글 및 구도 잡기

영상이나 장면에서 앵글과 구도는 운용법에 따라 피사체와 화면 전체에 전달하고
자 하는 메시지를 보다 효과적으로 끌어낼 수 있다.

앵글(Angle)

사진이나 영상학에서 앵글 숏(Angle Shot)이란 말을 흔히 쓰는데 같은 장면에서 카
메라의 위치나 카메라 각도에 따라 다양하게 촬영하는 기법으로 피사체를 강조하거나
화면의 무게중심에 변화를 주어 긴장감이나 장면의 매력도를 높여 준다.

ⓐ F2.8, iso 100, shutter 240 , 무보정

ⓑ F2.8, iso 100, shutter 240, 무보정

❖❖ 구도(Composition) ❖❖

　장면이나 신(Scene)을 구성하는 짜임새로 좋은 구도는 장면 속에 들어가는 물체들의 크기, 컬러, 형태 등을 카메라 위치를 변경하거나 피사체를 이동시켜 화면의 밸런스를 잡는 것이다. 구도는 장면이 어색해 보이지 않도록 하거나 특정 부분을 강조하거나 긴장감을 주는 데 도움이 된다.

ⓐ F2.8, iso 200, shutter 200, 무보정

ⓑ F2.8, iso 200, shutter 160, 무보정
ⓐ사진보다 ⓑ사진이 화면의 긴장감이 강조되었다.

ⓒ F2.8, iso 200, shutter 160, 무보정
피사체의 형태윤곽을 알 수 있게 하고 화면 비중을
황금비율로 배치한다.

※ 황금비(=황금비율, Golden Ratio, Golden Section)

　　고대 그리스에서부터 발견되고 지속적으로 사용되어 왔으며 기하학적으로 가장 보기 좋은, 이상적인 조화의 비율을 말한다. 미학이나, 건축, 자연물 등에 적용 또는 응용되어 왔으며 평면학적 비례는 1:1.618....에 해당한다. 이 비율로 만들어진 제품, 건축물, 자연물 등은 시각적으로 가장 안정적으로 느껴진다. 사진이나 디자인분야에서도 많이 활용되고 있다. 주변에서 쉽게 볼 수 있는 것은 우리가 흔히 쓰는 용지인 A4, A3, A5 등이며, 가로×세로의 길이 비율이 황금비율에 가깝게 가공된 것이다.

ⓓ F2.8, iso 200, shutter 160, 무보정

ⓔ F2.8, iso 200, shutter 160, 무보정

ⓓ의 구도보다 ⓔ의 구도가 안정적이다.

ⓕ F2.8, iso 200, shutter 160, 무보정, 팬텀 3 프로페셔널
때론 자신 있고 과감한 구도설정이 필요하기도 하다.

ⓖ F2.8, iso 200, shutter 120

ⓗ F2.8, iso 400, shutter 120, 무보정

ⓘ F2.8, iso 400, shutter 120, 무보정

◦∘ 항공 촬영 카메라 워크(WALK) ∘◦

항공 촬영 중에는 동적인 영상을 위한 몇 가지의 카메라무빙이 있다. 이는 항공 촬영뿐만 아니라 일반 영화, 드라마, 뮤직비디오, 공연촬영, 제품홍보촬영 등에도 공통적으로 쓰이는 카메라 워크이므로 익혀두도록 하자. 경험이 많은 촬영자는 현장상황과 촬영 콘셉트를 고려한 뒤 다양한 카메라 워크를 활용하여 작업하기 때문에 충분한 연습과 현장감이 뒷받침된다면 좋은 영상을 담을 수 있다.

⊙ 첨부 영상 : 5장〉영상교재〉fix.mp4

• Fix(카메라 고정형)
카메라의 위치와 각도 등을 모두 고정시킨 채 촬영한다. 시간의 흐름을 촬영할 때, 피사체의 동작상태 및 디테일한 포인트를 담을 때 사용한다.

• Zoom In(줌 인) /Zoom Out(줌 아웃) ▶
카메라 렌즈의 줌 기능을 이용하거나, 드론의 경우 드론 기체를 피사체에 다가가도록 하여 피사체를 강조하고(줌 인) 피사체에서 멀리 떨어지며 피사체를 작게 보이게(줌 아웃) 하는 워크

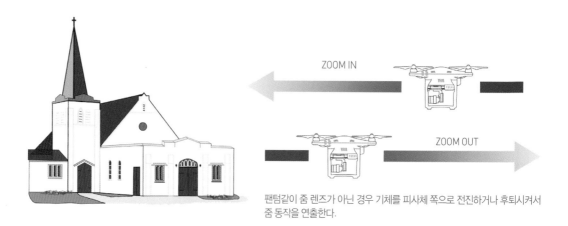

ZOOM IN

ZOOM OUT

팬텀같이 줌 렌즈가 아닌 경우 기체를 피사체 쪽으로 전진하거나 후퇴시켜서
줌 동작을 연출한다.

• 달리 인, 달리 아웃(Dolly In / Dolly Out)

카메라가 이동하여 피사체에 가까이 접근하거나 반대로 후퇴하며 멀어지는 워크로서 카메라가 가
까이 다가가는 것을 달리 인, 카메라가 그대로 멀어지는 것을 달리 아웃이라 한다. 달리 동작 시에
직선형 이동과 곡선형 이동이 있는데 대부분 직선형 이동을 주로 많이 사용한다.
화면을 확대하거나 축소하는 것은 줌과 유사하지만 줌은 기체는 움직이지 않고 렌즈만 조작하는
것이고, 달리(Dolly)는 기체 자체가 움직이기 때문에 줌과의 느낌은 사뭇 다르다. 또한 화각의 변화
가 없는 것이 특징이다. 달리는 피사체를 일정시간 동안 지속적으로 강조할 때 사용한다.

▶ 첨부 영상 : 5장)영상교재)dolly out.mp4

• 팔로우(Follow)

카메라가 피사체를 따라가며(Follow) 촬영하는 워크이며, 피사체는 정적으로 촬영되지만 주변에 시간흐름과 위치변화가 있어 피사체에 집중하도록 만들어 주목을 끌 수 있다.

첨부 영상 : 5장〉영상교재〉follow01.mp4

• 아킹(Arching) = POI(Point Of Interest)

원형곡선모양인 아크(Arch) 모양의 경로로 움직이며 촬영하는 워크를 말하며 피사체를 중심에 두고 지속적으로 바라보며 그 주변을 곡선 비행한다. 팬텀의 DJI GO App에서는 응용 자동 비행법 중에 POI라고 표기되어 있다. 첨부 영상 : 5장〉영상교재〉poi_01~03.mp4

아킹 워크는 피사체를 보다 입체적으로 보여주기 때문에 화면에 다이내믹한 연출을 할 수 있다.

· 패싱(Passing)

카메라가 피사체에 최대로 근접하듯이 달리 인(Dolly In)하면서 피사체를 스쳐지나가거나 사이를 통과하는 워크이다. 피사체의 안전을 유지하면서 얼마나 근접하게 스쳐지나가듯 비행하느냐의 정도에 따라 화면의 긴장감을 좌우한다. 스쳐지나감과 동시에 카메라 각도를 틸팅(상하)시켜주면 피사체에 웅장함을 주는 효과가 있다.

▶ 첨부 영상 : 5장〉영상교재〉passing.mp4

· 패닝(Panning)

카메라는 고정시키고 카메라 중심을 기준으로 좌, 우 방향으로 회전하며 촬영하는 워크이다. 드론의 카메라는 고정시키고 기체를 중심으로 그대로 좌, 우 수평회전하며 촬영한다. 전경이나 파노라마 샷, 피사체를 이동할 때 사용한다.

▶ 첨부 영상 : 5장〉영상교재〉panning.mp4

· 트래킹(Tracking)

카메라가 피사체와 일정한 거리를 유지하면서 함께
움직이며 촬영하는 워크이다. 팔로우와 마찬가지로
움직이는 피사체 자동차, 사람, 자전거, 바이크 등을
대상으로 피사체를 보다 강조하며 주변의 환경이 움
직이면서 시간차와 위치변화의 느낌을 제공한다. 일
정한 간격을 유지하는 것이 중요하다.

◀ 트래킹 시 카메라 방향과 피사체가
진행하는 방향에서 25~35° 정도 기
울여서 촬영하면 더욱 멋진 트래킹
장면을 얻을 수 있다.

⊙ 첨부 영상 : 5장 〉 영상교재 〉 tracking01.mp4

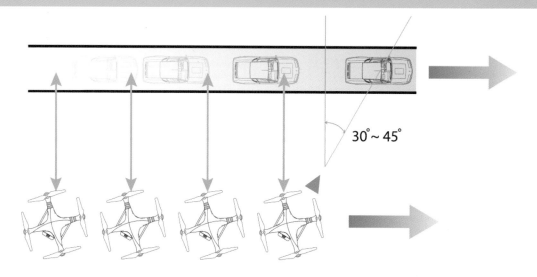

$30° \sim 45°$

● 첨부 영상 : 5장 〉 영상교재 〉 tracking02.mp4

● 첨부 영상 : 5장 〉 영상교재 〉 tracking03.mp4

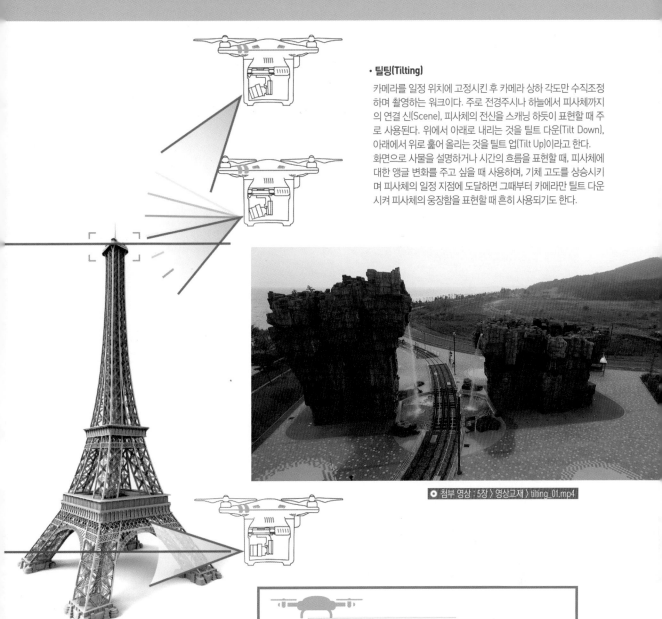

- 틸팅(Tilting)

카메라를 일정 위치에 고정시킨 후 카메라 상하 각도만 수직조정하며 촬영하는 워크이다. 주로 전경주시나 하늘에서 피사체까지의 연결 신(Scene), 피사체의 전신을 스캐닝 하듯이 표현할 때 주로 사용된다. 위에서 아래로 내리는 것을 틸트 다운(Tilt Down), 아래에서 위로 훑어 올리는 것을 틸트 업(Tilt Up)이라고 한다.
화면으로 사물을 설명하거나 시간의 흐름을 표현할 때, 피사체에 대한 앵글 변화를 주고 싶을 때 사용하며, 기체 고도를 상승시키며 피사체의 일정 지점에 도달하면 그때부터 카메라만 틸트 다운시켜 피사체의 웅장함을 표현할 때 흔히 사용되기도 한다.

첨부 영상 : 5장 > 영상교재 > tilting_01.mp4

좋은 항공사진 및 항공 영상 촬영하기

드론을 띄워 공중에서 좋은 사진 또는 영상을 얻기 위해서 기본적으로 어떤 촬영구도와 비행기법이 있는지 알아본다.

대상에 따른 구도 및 앵글 설정

이미 정해진 피사체이거나 사전 계획된 피사체인 경우 피사체를 중점적으로 강조하면 된다. 하지만 사전 계획된 촬영이 아닌 당일 현장을 담는 경우에는 피사체 선택도 좋은 항공 작품을 위해서 중요하다.

ⓐ 단일 피사체인 경우 화면 중앙에 배치한다. 또한 피사체 주변의 컬러와
피사체의 컬러가 최대한 달라보이게 카메라 앵글이나 구도를 설정한다.

촬영 : 고민홍

ⓑ 삼분법, 황금비를 이용하여 구도를 잡는다.

※ 삼분법(Rule of Thirds) ▶

화면을 가로 3등분, 세로 3등분하는 가상의
선을 만들어 그 선들의 교차점에 피사체를
배치하는 방법으로, 일반 회화, 디자인, 동양
화, 사진 분야 등에서 공통적으로 쓰이는 방
법이다.

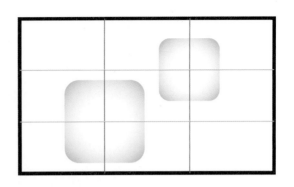

삼분법을 이용하여 주로 ▶
보여주고자 하거나 긴장
감을 주고자 하는 표적을
가로·세로 등분선이 만
나는 곳에 배치한다.

F2.8, iso 200, shutter 100, 무보정

팬텀 3 조종 App DJI GO에서 화면에 삼분 그리드를 나타나게 한 후 촬영하면 구도나 앵글을 잡는 데 도움이 된다.

화면에 삼분선이 함께 표시되고 있다.

설정 방법은 DJI GO 화면 오른쪽의 카메라 촬영 설정에 들어가면 할 수 있다.

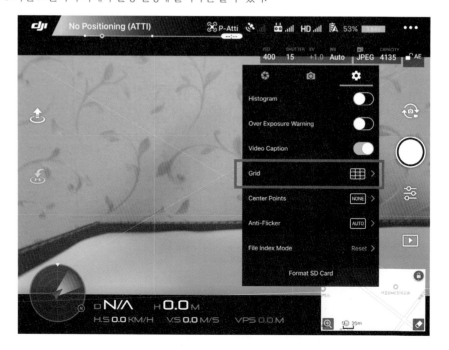

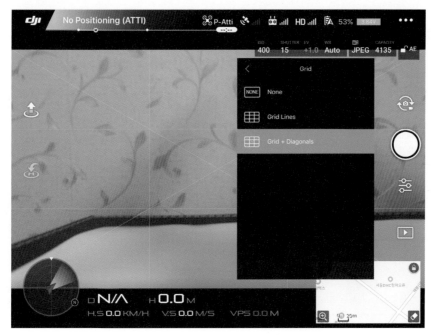

그리드 옵션에 가면 2가지 형태로 가이드 선을 화면에 표출할 수 있다. 필요한 상황에 따라 설정하며 사용한다.

※ 황금비를 이용하자.

삼분법과 함께 사용되는 황금비율 응용은 화면의 균형과 힘을 잡아주기 때문에 피사체의 형태, 컬러, 밝기, 진행 방향 등을 고려해서 화면 내 배치를 1 : 1.6 비율로 잡아주면 좋다.

촬영 : 고민홍

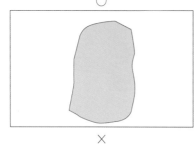

주요 피사체는 안정감을 위해 아랫부분을 윗부분보다 조금 더 여유 있게 남겨두고 화면에 배치한다.

피사체의 일부를 자를 필요가 있을 때는 너무 많은 부분을 자르지 않는다. 잘린 부분의 형태가 연장되어 형태의 전체 윤곽을 느낄 수 있는 한도에서 잘라 준다.

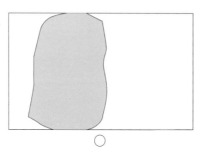

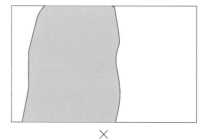

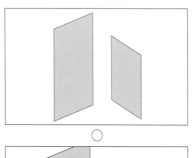

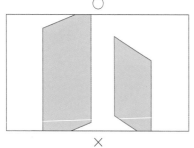

세로형 피사체(건물, 나무, 기둥 등)가 여러 개일 경우 서로 마주보게 앵글을 잡거나 그중에서 주인공을 선정하여 강조해준다.

삼분법원리를 이용하고 원근법 사선 구도를 이용한다(도로, 건물 배치, 교각 등).

원근구도는 화면에 힘을 실어주며 집중감과 시간감을 느끼게 해준다.

세로형 또는 가로형 물체 사이를 강조하고자 할 때 이용한다(교각 사이, 빌딩숲 사이 등).

:: 비행동작 조절 "섬세하고 부드럽게 움직여라" ::

보통 다큐멘터리 영상인 경우에는 지상 촬영 시에도 카메라 워킹을 매우 부드럽게 하며 카메라 움직임을 최소화하는 것을 볼 수 있다. 이것은 잦은 카메라 워킹으로 인해 영상에 집중도가 떨어지는 것을 방지하고 그만큼 영상에 몰입도를 높이기 위함이다. 반대로 레이싱 프로그램, 스포츠, 육상경기 등 활발한 피사체의 움직임이 있는 콘텐츠는 빠른 카메라 워킹이 필요할 때가 있고 아주 급격하게 카메라 워킹의 반전이 요구되기도 한다. 하지만 여기서 우리가 주의할 점은 느린 카메라 워킹이든 빠른 워킹이든 카메라 자체가 다음 신(Scene)을 잡기 위해 움직일 수밖에 없는데 이때 촬영된 신(Scene)들은 대부분 편집과정에서 커트된다.

좋은 항공 영상 촬영 기본 팁

① **카메라 워킹을 한 방향으로 하고 그대로 부드럽게 움직인다.**

카메라를 고정시키고 촬영하고자 하는 곳의 고도를 선정한 후 한 방향으로 그대로 천천히 비행하며 촬영한다. 이때 비행하는 속도를 일정하게 하는 게 좋다. 화각이 바뀌지 않는 영상 콘텐츠의 변화는 보는 사람으로 하여금 더욱 더 웅장함을 느끼게 하며 그에 따른 고유함속에 몰입도를 불러일으킨다.

◉ 첨부 영상 : 5장 〉 영상교재 〉 not good.mp4

위 영상에는 3초~5초 사이에 카메라가 회전하는 동작에 의해 영상이 돌아가는 것도 포함되어 있다. 이런 부분은 과감히 영상 클립에서 편집 시 제거해 준다.

카메라를 고정하고 한 방향으로 부드럽게 비행하며 촬영한다.

◉ 첨부 영상 : 5장 〉 영상교재 〉 moving01.mp4

② **카메라 각도에 변화를 준다.**

피사체를 지나치거나(Passing) 멀어질 때(Dolly) 거리감에 따라 카메라 각도를 천천히 움직여본다. 피사체의 동세를 느낄 수 있기 때문에 긴장감을 불러온다.

③ 위 ①, ②가 마스터 된다면 이제는 조종기 키(Key) 2~3개를 동시에 움직여 보며 촬영한다.

◉ 첨부 영상 : 5장 〉영상교재 〉2key01.mp4

◉ 첨부 영상 : 5장 〉영상교재 〉2key02.mp4

※ 2~3개의 키를 동시에 활용 "회전 상승하며 카메라 각도 조절"

　전진 비행하다가 일정 부분에 도달하면 Arching샷을 찍어보자. 회전 비행하며 상승, 하강하기 등의 촬영법은 화면의 다이내믹한 요소를 줄 수 있어 다소 어렵지만 잘 이용한다면 훌륭한 영상소스를 획득할 수 있다. 1인이 조종하기에는 쉽지 않지만 꾸준한 연습을 하거나 2인 모드를 지원하는 드론기체를(주조종사 - 카메라 조종, 보조조종사 : 기체 비행 조종) 활용하면 어렵지 않게 촬영이 가능하다.

Chapter 6

미디어 제작하기

사용 프로그램 :

Adobe Premiere Pro CC

◀ 항공 촬영 드론이나 영상기능이 강화된 DSLR 카메라, 비디오캠코더, 액션 캠과 자세 제어를 하는 짐벌(Gimbal)의 출시로 불과 몇 년 전까지만 해도 고난이도 촬영 기술이 필요했던 영상을 지금은 조금의 연습이 갖춰진다면 누구나 간편하게 좋은 영상을 담을 수 있게 되었다.

무선조종자동차에 짐벌 카메라를 올린 슈팅카
사진 제공 : 참플랜

드론용 카메라를 지상 카메라로 변경하여
고화질 지상 촬영용으로 사용할 수 있다. ▶

영상 미디어들은 그동안 특정 분야의 몇몇 전문가들에 의해 완전한 미디어로 만들어져 우리들의 시각을 즐겁게 하며 호기심을 자극하였다. 그러나 지금은 1인 미디어 시대라고 할 만큼 미디어 창작이 특정 전문집단의 전유물이 아니라, 누구나 간편하게 제작할 수 있게 되었다. 다양한 편집 솔루션들이 등장하였고 영상 소스와 함께 개성 있는 전달 메시지(스토리텔링)를 서로 융합시켜 누구나 손쉽게 영상 미디어를 만들어 낼 수 있는 시대가 된 것이다.

최근 다양한 영상편집 솔루션들이 일반화되고 어렵지 않게 접할 수 있게 되어 더 이상 영상편집은 특정분야 사람들만의 전유물이 아니게 되었다. 자신만의 영상미디어를 만들기 위해 촬영부터 편집, 그리고 최종적으로 완성 도출까지 일련의 과정을 알아보고 엔트리 단계의 편집방법을 알아보도록 하겠다.

> ### ※ 영상편집은
>
> 미디어 영상은 촬영된 소스를 가지고 '편집(Editing)'이라는 과정을 거쳐 완전한 모습으로 우리에게 보여 진다. 편집이란 과정을 거치면 전달하고자 하는 메시지, 스토리, 감동 전달이 비로소 완성되는 것이다. 촬영된 많은 영상 소스들을 목적에 맞도록 순서를 잡고 수정 및 가공, 보정작업, 사운드믹싱 등이 더해지면 하나의 완결한 영상미디어로 재탄생된다. 이러한 일련의 과정을 영상편집이라고 하며 여기에 컴퓨터그래픽효과, 3D, 사운드효과 등이 더해지면 미디어의 완성도가 높아지게 되며 강한 메시지를 전달하게 된다.

01 가장 많이 사용되는 영상편집 프로그램 「Adobe Premiere」

사용 프로그램 : Adobe Premiere Pro CC 2015

다양한 영상포맷, 코덱을 지원하는 편집 프로그램의 대명사
_ Adobe Premiere Pro CC(ver. 2015)

필자가 대학 시절 처음 영상편집을 하기 위해 알게 된 프로그램이 바로 어도비사의 프리미어였다. 지금은 무비메이커, 파이널컷 프로 등 다양한 영상편집 프로그램이 많이 나와 있어 쉽게 접할 수 있지만 그 당시에는 어도비 프리미어가 영상편집에 기본적으로 쓰였고 영상편집 프로그램의 대명사였다. 어도비 포토샵, 일러스트 등 이전부터 어도비사의 그래픽 솔루션들을 사용했기 때문에 영상편집 또한 프리미어로 시작하였다.

현재 Adobe Premiere는 Adobe Premiere CS6를 마지막으로 클라우드 기반의 Adobe Premiere Pro CC로 버전 업그레이드가 되면서 장소와 환경에 구애받지 않고 언제 어디서든 온라인에 연결되는 컴퓨터만 있으면 영상편집 작업을 할 수 있게 되었다.

촬영 후 부득이하게 출장을 가거나 사용하던 컴퓨터에 문제가 생기면 즉시 다른 컴퓨터에서 Premiere Pro CC를 내려 받아 편집 작업을 그대로 진행할 수 있는 편리성 때문에 필자 또한 Adobe Premiere Pro CC를 사용하고 있다.

일정액을 지불하고 패키지 형태로 구매를 해야 했던 Adobe Premiere는 현재 Adobe Premiere Pro CC로 바뀌면서 월마다 일정액의 사용료를 지불하면 Adobe Premiere Pro CC는 물론 옵션에 따라 많은 폰트를 포함하여 Adobe의 다른 솔루션들을 모두 이용할 수가 있다. 이런 통합 솔루션 서비스를 지원받으면 미디어 제작에 큰 도움이 되기 때문에 되도록 정식 솔루션 사용을 권장한다.

∷ 많이 쓰이는 영상 편집 프로그램 ∷

• Adobe Premiere Pro CC

어도비사의 클라우드 기반 영상편집 프로그램으로 영상편집자라면 대부분 다루고 있는 대중적인 프로그램이다. 어도비사의 다른 프로그램들과 연동하여 다양한 편의사항, 효과 등을 지원하고 특히 영상편집 시 필요한 그래픽 프로그램들과의 호환성이 매우 좋다. 월 결제방식으로 구매하여 사용할 수 있고 입문자를 위해 30일간의 무료 시험버전을 다운받아 사용할 수 있다.

• Sony Vegas Pro

소니에서 출시한 영상편집 프로그램이다. 입문용으로 좋고 직관적인 인터페이스로써 아마추어나 취미용으로 좋고 특수효과도 지원한다. 소니 영상기기들로 촬영된 영상에 최적화되어 있다. 30일용 트라이얼 버전을 미리 사용해 볼 수 있다.

• Final Cut Pro

맥전용 편집프로그램으로서 윈도우는 지원하지 않는다. 사용하기 간단하고 다양한 기능을 내장하고 있어 전문 편집 프로그램 못지않아 많은 사람들이 애용한다. 맥 운영체제에서만 운용되고 맥의 App 스토어에서 유료로 다운받아 사용할 수 있다.

• Window Movie maker

윈도우에 기본 내장된 프로그램으로서 전문 프로그램만큼의 다양한 기능은 다소 부족하지만 입문용으론 사용하기 좋다. 간단한 편집 작업이라면 충분하다.

• Avid

오랫동안 사용되어온 편집프로그램이다. 현재는 그 사용자가 크게 줄었다. 사양이 낮은 PC에서도 사용할 수 있어 많이 사용됐었다. 가격이 비싸고 다른 영상편집 프로그램들에 비해 사용하기가 다소 어렵다.

• Edius

2003년에 출시된 에디우스는 원래 일본 회사 Canopus의 프로그램이었으나 캐나다 기업에 인수되었다. 한국 방송 환경에 최적화되면서 방송국에서 많이 사용되고 있다. 직관적인 인터페이스에 사용법도 간단하지만 숙달되기까지는 충분한 연습이 필요하다. 평가판을 다운받아 사용해 볼 수 있다.

Adobe Premiere Pro CC 시작하기

Adobe Premiere Pro CC는 유료 프로그램이지만 30일간 먼저 사용해볼 수 있는 무료 시험버전이 있다(https://www.adobe.com/kr/products/premiere.html?promoid=KLXLV).

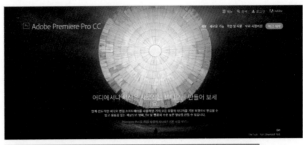

사이트에 접속해서 '무료 시험버전'을 클릭 ▶

해당정보를 입력하고 계정을 만든 후 다 ▶
운 받아 설치한다.

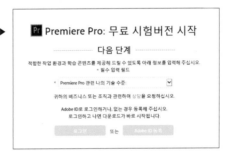

설치가 완료된 후 처음 실행하면 프로젝 ▶
트를 설정하고 본격적인 편집 작업을 할 수
있게 된다.

프로젝트 설정을 하고 나면 편집하기 위 ▶
한 화면이 나오는데 여기까지 문제없이 실
행된다면 설치는 정상적으로 된 것이다.

02 영상 편집

영상 촬영이 끝나면 촬영된 영상을 점검하고 선별하여 편집 과정으로 들어간다. 영상편집에 필요한 사전 작업과 Adobe Premiere를 이용하여 기초 편집을 직접 해보자.

완전한 영상 미디어 제작을 위한 영상 기획, 편집 프로세스

1 주제(목적) 정하기

영상 콘텐츠는 제작자가 수혜자에게 전달하는 커뮤니케이션이라고 볼 수 있다. 상대방에게 어떤 이야기를 할지 주제를 정하고 한번 정해지면 완성본이 만들어질 때까지 변경하거나 대체되는 일이 없도록 확고히 유지 한다.

2 주제에 맞는 표현 방법 '스토리텔링' 선정하기

광고학에서는 광고 기획 단계 중에 광고 콘셉트가 있고 광고 콘셉트가 정해지면 그것을 표현하기 위한 표현 콘셉트를 설정한다. 영상 기획도 마찬가지로 주제가 정해졌으면 주제를 잘 표현할 수 있는 표현 콘셉트가 반영된 스토리텔링을 계획해준다.

> ### ※ 스토리텔링
> '스토리(Story) + 텔링(Telling)'의 합성어로 전달하고자 하는 것을 설득력 있게 전달하기 위한 행위, 방식을 말한다.

예를 들어 빠른 스피드를 자랑하는 슈퍼카 영상을 제작할 때 '빠른 속도와 최고의 안전성'이라는 콘셉트인 경우 랠리 트랙에서 초형 전투기와 슈퍼카가 연출하는 드래그 레이스다.

※ 드레그 레이스(Drag Race) : 튜닝한 자동차로 짧은 거리를 최단 시간으로 질주하는 경주

3 영상 그림 줄거리 '스토리 보드' 작성해보기

CF 광고 혹은 뮤직비디오, 영화, 드라마 등 영상 주제에 대해 대본이 나오면 그것을 기반으로 중요한 신(Scene)이나 장면(Shot) 위주로 스토리보드를 작성한다. 스토리보드에는 필요한 화면 앵글, 구도, 등장 인물, 유지 시간, 오디오, 자막 등 각 신(Scene)에 맞는 모든 정보가 들어 있어 스토리보드만 보고도 전체적인 영상 분위기를 알 수 있다.

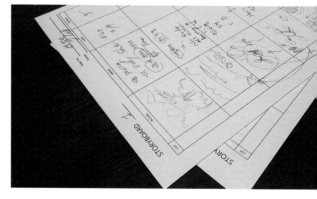

필자는 영상 제작에 앞서 기획 단계에서 스토리보드를 작성하여 스태프들과 나눠보며 보완점이나 수정할 부분을 사전에 체크한다.

4 촬영하기 ⠿

앞서 언급했지만 촬영하기 전 미리 현장 답사를 하는 게 좋다. 촬영 당일 발생할 수 있는 문제들에 미리 대처할 수 있고 시간과 비용을 절약할 수도 있기 때문이다. 본 촬영 시에는 스토리보드를 기준으로 다양한 장비와 도구들을 이용해 촬영해야 하며 항공 촬영 시에는 기체를 한번 올리면 10분 내외 밖에 촬영을 할 수밖에 없으므로 촬영에 임하기 전에 충분히 연출자와 상의한 후 정확한 영상을 담아내도록 한다. 마지막으로 촬영할 때는 햇빛의 방향을 염두하고 역광촬영, 보조광 촬영 등 촬영물을 잘 나타낼 수 있는 기간을 놓치지 않고 신속하게 촬영해야 한다.

※ 드론 항공 촬영 시 배터리 운용 팁

팬텀 3 기준으로 필자는 배터리를 6개 정도 운용하고 있다. 완충된 배터리는 팬텀 3를 공중에서 약 15분 정도 촬영할 수 있도록 하는데 배터리 사용패턴을 감안하여 운용하는 것이 좋다. 필자는 6개 배터리를 아래와 같이 사용한다.

- 첫 번째 : 현장 컴퍼스 캘리 및 기체 비행 점검, 단순 테스트 비행으로 소진
- 두 번째~세 번째 배터리 : 스토리보드에 있는 Scene을 미리 테스트 촬영한다. 이때 비행 유의점과 촬영 앵글에 대해 미리 점검해 볼 수 있다.
- 네 번째~여섯 번째 : 본 촬영

그렇기 때문에 필자는 팬텀 3인 경우 배터리를 최소 5~10개 정도 준비하는 것을 권장한다. 만약 현장에서 충전이 가능한 상황이라면 번갈아가면서 충전하면 되기 때문에 5~6개 정도가 충분하다.

---

5 촬영된 소스 영상 필터링하기 ⠿

실제 편집에 사용될 영상 클립을 선별한다. 현장에서는 꽤 많은 영상 클립을 촬영한다. 이중에서 편집에 쓰일 클립들을 선별하여 편집준비에 들어간다.

6 편집하기 ⠿

먼저 스토리보드 단계에서 준비한 오디오 소스와 함께 편집에 들어간다.

• **기본적인 편집 순서**

영상 클립 순서 나열(시간순, 장소순, 소재순) → 1차 가편집 → 2차 본 컷편집(오디오 소스 함께) → 자막편집 → 컬러, 보정, 이펙트 편집→ 익스포트 하기

7 익스포트하기 ⠿

편집된 영상 클립을 익스포트하여 완전한 영상으로 만든다. 시간적 여유가 있다면 1차 익스포트는 용량을 다소 작게 하여 빠르게 확인하도록 하고 문제가 없다면 계획된 설정 해상도로 익스포트한다.

03 Adobe Premiere Pro CC로 영상 편집하기

이제 계획된 주제를 가지고 촬영 소스 영상들로 편집을 해보자. 이 책은 Adobe Premiere Pro CC의 전체를 배우고자 하는 것이 아니라 항공 촬영을 하고 이것을 나만의 것으로 직접 편집을 해보고자 하는 이들을 위해 Adobe Premiere에서 필요한 기본 기능을 비롯하여 가장 많이 활용되는 편집 방법을 소개하는 정도다. Adobe Premiere의 모든 것을 배우고자 한다면 시중의 Adobe Premiere Pro CC 전문 교육 책을 구비하여 함께 공부하면 좋을 것이다. 이 책의 편집 내용을 모두 습득만 한다 해도 준전문가 정도의 편집기술을 터득할 수 있으니 잘 활용해보길 바란다.

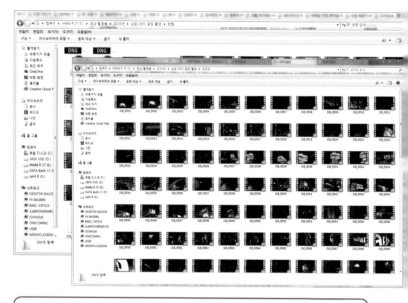

영상 소스 선별하기

촬영해보면 알겠지만 단 몇 분짜리 영상을 만들기 위해서 하루 종일 촬영하기도 또는 몇 일간 촬영하기도 한다. 원하는 Shot(장면)이 바로 나올 때 시간과 비용은 줄일 수 있겠지만 대부분 촬영을 하다 보면 단번에 원하는 Shot(장면)을 얻기가 쉽지 않다. 그래서 현장에선 여러 번 촬영하게 되고 그만큼 촬영클립 수량도 많아진다. 우선 이중에서 계획에 맞게 영상들을 모두 플레이백하면서 실제 편집에 반영될 클립들을 선별한다. 시간이 많이 걸릴 수도 있고 짧게 걸릴 수도 있으니 인내심을 가지고 자신이 찍은 영상을 하나하나 체크하여 선별한다.

촬영을 하면 많은 영상 클립들이 저장되어 있다. 면밀히 체크하여 편집에 사용할 소스 클립을 설정한다.

※ 편집 소스(영상 클립, 사운드, 이미지 등)를 효율적으로 분류하자.

프리미어를 사용하면 알겠지만 편집 시 각 파일의 성격, 형식, 내용 등 일정한 기준에 따라 미리 폴더별로 분류를 해두면 프리미어 프로젝트 작업 시 매우 유용하다. 또한 이렇게 기준별로 나누어놓은 폴더 계층을 그대로 프리미어 적용하여 작업을 할 수 있으므로 계획적으로 편집 소스를 분류하는 것이 좋다.

• 편집소스 분류의 예

- 스토리 전개별 분류 : 기-승-전-결 순서대로 스토리 전개 내용에 맞게 소스를 폴더별로 묶어 분류한다.

- 타임라인 순서대로 분류 : 시간 흐름 순서, 즉 시간 흐름을 바탕으로 이야기 전개 순서대로 폴더별 분류한다.

- 소스 형태별 분류 : 영상 클립을 모아둔 폴더, 사운드를 모아둔 폴더, 이미지만 모아둔 폴더 등으로 사용할 소스의 형태별로 분류한다.

- 촬영 카메라별 분류 : 영상 촬영 시 다수의 카메라로 촬영했다면 카메라별로 분류해도 좋다. 각 카메라 포지션 및 촬영 속성(구도, 앵글, 프레임 수, 컬러 등)을 다르게 하여 촬영했을 때 아주 유용하다.

간단한 영상 제작인 경우 주로 소스 형태별 분류법을, 장시간의 스토리 위주의 영상 제작이나 강한 설득적 요소가 필요한 홍보영상을 제작할 경우에는 스토리전개별 분류 방법을 사용하면 편집 작업 시 편리하다.

Adobe Premiere Pro CC 처음 실행하기

Adobe Premiere Pro CC가 설치되었다면 바탕화면의 아이콘을 클릭하여 실행한다.

∷ 프리미어 프로 CC 웰컴 대화상자 ∷

프리미어를 실행하면 아래와 같은 웰컴 대화상자가 나타난다. 크게 New, Open Recent, Creative Cloud Sync Setting으로 나뉘어져 있으며 각 세부 항목별로 파일들을 불러올 수 있다.

- New project.., : 새로운 프로젝트를 생성한다.
- Open Recent : 시간 순서별로 가장 최근에 저장된 프로젝트나 오브젝트들을 불러올 수 있다.
- Creative Cloud Sync Setting : 프리미어CC의 환경을 새로 설정하거나 기존의 설정으로 동기화할 수 있도록 하는 기능이다.

∷ New Project 설정하기 ∷

작업을 시작하기 위해 **New Project...** 를 클릭한다.

New Project... 를 클릭하면 나오는 프로젝트 설정 대화창이다.

• **General 탭**

① name : 프로젝트 파일 명을 설정한다.

② 프로젝트 파일이 저장된 위치를 설정한다.

③ **Renderer** : 비디오 그래픽 카드를 최대
   한 활용하여 플레이 백 한다.

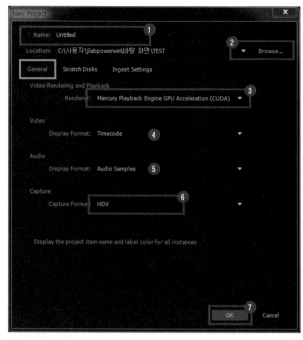

그래픽 카드에 자체 프로세싱이 지원된다
면 GPU Acceleration을 선택한다(지원 그래
픽 카드가 컴퓨터에 설치되어 있을 경우 자
동으로 설정된다).

④ **Video Display Format** : 비디오 길이를 표시하는 방식을 설정
   - Timecode : 시간 단위로 비디오를 표시한다. 기본 설정 값이다.
   - Feet + Frames 16mm : 16mm 필름으로 촬영된 영상 프레임을 기
     준으로 표시한다.
   - Feet + Frames 35mm : 35mm 필름으로 촬영된 영상 프레임을
     기준으로 표시한다.
   - Frames : 0부터 연속된 숫자로 프레임을 표시한다.

⑤ **Audio Display Format** : 오디오 파일의
   디스플레이 방식을 설정한다.
   - Audio Samples : 시, 분, 초 형식으로 표시
     한다. 기본 설정 값이다.
   - Milliseconds : 시, 분, 초 단위와 1/1000까지 표시한다.

⑥ **Capture** : 비디오 카메라로 촬영된 영상을 프리미어 CC로 캡처할 때 설정하는 것으로 DV는 4:3 비율, 720*480

의 해상도를 가지고 HDV는 16:9 비율, 1440*1080의 해상도를 가진다. DV와 HDV 는 해상도 차이가 있으며 기본적으로 HDV 로 설정한다. 시퀀스 설정에서 보다 자세한

포맷을 확인할 수 있고 변경도 가능하니 기본 설정 값으로 선택해 둔다.

· Scratch Disks 탭
- 비디오 캡처, 각종 프리뷰, 자동 저장(오토 세이브)하는 경로 등을 설정한다.
- Same as Prolect가 기본 값이고 별도의 경 로를 지정할 수도 있다.
- 특별한 경우가 아니라면 기본 값으로 설정 한다.

설정을 모두 마친 후 ⑦ OK를 클릭하면 아 래와 같이 기본 편집환경으로 프리미어 작업창 이 활성화된다.

⠿ Sequence 설정하기 ⠿

프로젝트가 설정되면 본 영상 작업에 대한 형식을 사전에 지정해야 편집 작업이 가능 하다.

> **※ 영상편집의 기본 작업 환경 '시퀀스(Sequence)'**
>
> 시퀀스는 편집을 시작하기 위한 기본 환경으로 영상 소스, 사운드 소스, 이미지 등 편집 작업에 필요한 재료들의 설정을 해주는 것이다. 편집 완료 후에 익스포트할 때까지 전체적으로 기본 환경설정이 유지되므로 시퀀스 없이는 편집 작업이 되지 않는다. 프로젝트 설정 후 반드시 시퀀스 세팅도 해줘야 한다.

시퀀스 설정은 상단 메인 메뉴 중
File - New - Sequence로 불러내어 설
정할 수 있다. 단축키는 Ctrl+N 이다.

다양한 시퀀스 프리셋을 볼 수
있다. 만들고자 하는 영상의 최종
형태에 해당하는 것을 선택하거나
Setting 탭에서 직접 설정할 수 있다.

Setting에서 Editing Mode로 가면
다양한 영상 프리셋을 사용할 수 있다.

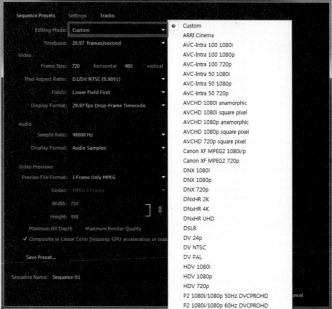

Timebase에서 프레임 수를 설정한 ▶
다. 기본적으로 29.97 frames /seconds로
설정한다.

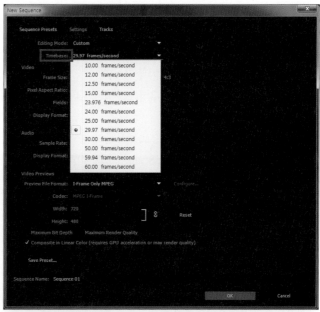

Video 옵션에는 Frame Size를 1,920 ▶
으로 horizontal을 1080인 FULL HD
급으로 설정한다.

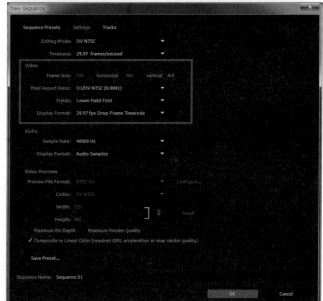

영상 사이즈

4K	Real 4K	4,096×2,160
	UHD	3,840×2,160
2K QHD		2,560×1,440
FULL HD		1,920×1,080
HD		1,280×720
SD		720×480

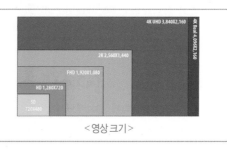

<영상 크기>

① **Video** : 작업할 영상의 기본 설정
  - Frame Size : 영상의 크기 설정
  - horizontal : 영상 화면 프레임의 가로 크기 설정, 영상크기는 위 도표를 참조하여 설정
  - vertical : 영상 화면의 세로 크기 설정
  - Pixel Aspect Ratio : 화면을 구성하는 픽셀의 비율로 디지털 영상이므로 기본 설정인 Square Pixel(1.0)으로 설정한다.
  - Fields : 화면 주사 방식 설정으로 대부분의 영상이 디지털 처리되는 현재에는 별도의 구분 없이 기본 설정 값인 No Field(Progressive Scan)로 둔다.

  - Display Format : 타임라인에 보이는 비디오 길이를 표시하는 방식을 설정하는 것으로 New project와 같다고 보면 된다.
② **Audio** : 작업 오디오 기본 설정
  - Sample Rate : 오디오 주파수 설정
  - Display Format : 오디오 시간 정보를 보여주는 방식 설정
③ **Video Previews** : 영상 프리뷰 기본 설정, 다른 것은 기본설정으로 두고 가로(Width)와 세로(Height) 크기만 시퀀스 설정과 같게 하면 된다.

트랙(Track) 설정이다. 비디오와 오디 ▶ 오의 트랙 개수를 설정하는 것으로 기본적으로 비디오 트랙 3개, 오디오 트랙 3개로 되어있다. 나중에 편집 과정 중에서 추가·변경할 수 있으므로 필요한 트랙의 수만큼 설정한다. 모든 설정을 마치면 왼쪽 하단의 시퀀스 이름(Sequence Name)을 지정하고 Save Preset를 클릭하여 시퀀스 설정을 저장해주면 다음 편집 시에도 같은 시퀀스 설정 환경으로 사용할 수 있다.

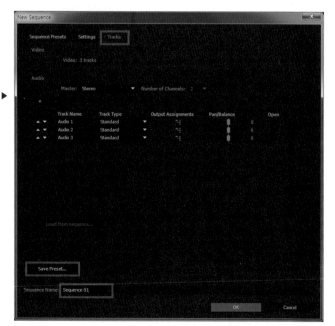

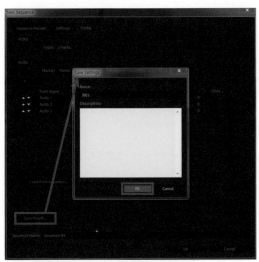

▲ 시퀀스 이름을 임의로 J001로 설정하고 OK 클릭   ▲ 그러면 방금 세팅된 시퀀스가 프리셋 J001로 저장
되고 설정된 값을 확인할 수 있다.

:: 프리미어 프로 CC 인터페이스 알기 ::

프리미어 프로 CC는 몇 가지의 패널로 구성되어 영상 편집 작업을 보다 쉽게 하였다. 이번에는 편집 시 꼭 알아
야 할 각 패널의 기능과 구성을 알아보겠다(프리미어 CC 2014 버전에서 2015 버전으로 업데이트 되면서 프로젝트
패널 위치가 변경되었지만 나머지는 거의 동일하니 그대로 참고해도 무방하다).

• 패널 구성

프로젝트 패널, 소스 모니터 패널, 프로그램 모니터 패널, 라이브러리 패널, 도구 패널, 타임라인 패널, 오디오
패널로 구성되어 있고 마우스로 해당 패널이나 패널 내부의 탭을 클릭하면 주변이 파란라인으로 표시되며 활성
화된다.

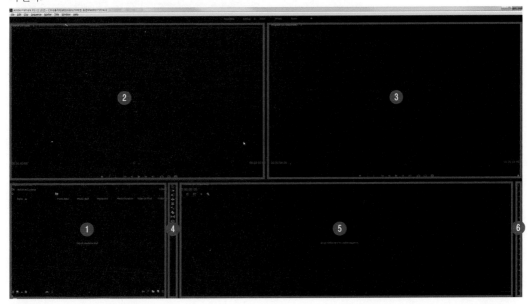

선택 시 주변이 파란라인으로 표시된다.

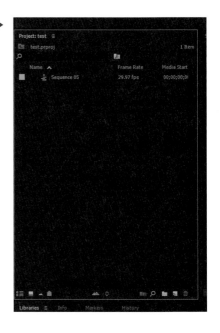

① Project 프로젝트 패널

작업 중인 프로젝트의 모든 소스(영상, 오디오, 이미지, 자막 글씨)들이 모여 있는 곳이다. 패널 내의 소스가 삭제되거나 변경되면 전체 프로젝트가 변경되므로 유의한다.

② Source Monitor 패널

영상 클립 소스를 1차적으로 편집하는 패널이다. 소스 클립의 길이를 줄이거나 필요한 부분만 사용하고자 할 때 이곳에서 1차적으로 편집을 해준다. 효과(이펙트)나 화면 전환(트랜지션) 등이 적용되지 않으며 타임라인 편집에 영향을 주지 않는다. 나중에 학습하겠지만 화면스케일(Scale), 투명도(Opacity), 재생 속도(Speed) 등의 세부 편집을 이곳에서 할 수 있으며, 패널 아래쪽에 자체적으로 타임라인이 있어 소스 클립 길이 등의 조정이 가능하다. 또한 프로젝트 패널의 소스를 마우스로 두 번 클릭하면 자동으로 소스 패널로 불러올 수 있다.

필자는 우선 이곳에서 소스 영상을 불러와 1차로 임시편집을 해준다. 촬영된 전체 영상 클립을 바로 타임라인으로 가져가서 쓸데없는 부분을 자르고 붙이고 하면 매우 효율이 떨어지므로 소스 패널에서 필요한 만큼의 영상을 조정한 후 본격적인 타임라인에 올려 편집하는 것을 추천한다.

③ **Program Monitor(프로그램 모니터) 패널**

타임라인의 마커가 있는 곳에 있는 편집 상태를 보여주는 모니터이다. 각종 효과나 장면 전환 효과를 모두 실시간으로 보여 준다. 소스 패널에서 1차 임시편집을 하고 타임라인에 올려 작업하면 타임라인의 작업 상태를 확인할 수 있다.

타임라인의 마커

1열 세로로 길게 보이게 하거나 두 열로 보이게 할 수 있다.

각 도구 툴의 사용법은 다음 장에서 자세히 다뤄보기로 한다.

④ **Tool(도구) 패널**

타임라인상에서 영상을 편집하는 필요한 도구들이 모여 잇는 곳이다. 12가지 종류로 되어 있으며 패널과 패널 사이에 마우스를 갖다 대면 패널 크기를 조절할 수 있는데 한 줄로 길게 또는 두 줄로 조절할 수 있다.

각 도구 툴의 사용법은 다음 장에서 자세히 다뤄보기로 한다.

⑤ **Time Line(타임라인) 패널**

편집 작업할 때 중심이 되는 곳이다. 영상 클립과 사운드, 이미지들을 배치하고 자르고 편집할 수 있는 작업창이다.

⑥ **Audio Lebel(오디오 미터) 패널**

사용되는 오디오 음량(레벨)을 표시하는 곳이다.

지금까지 각 패널의 기능과 구성을 살펴보았다. 다음 장에서는 각 패널 사용법을 좀 더 구체적으로 알아보고 실제 편집 시 사용하는 방법을 알아본다.

ᵖᵖ 프리미어 프로 CC 기본 메뉴 및 패널 알기 ᵖᵖ

・프리미어 윈도우 기본 메뉴 알기

프리미어 상단에는 기능별로 메뉴들이 있다. 편집 작업을 위하여 알아야 할 것 중 몇 가지를 살펴본다.

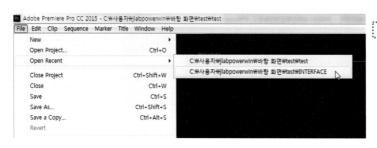

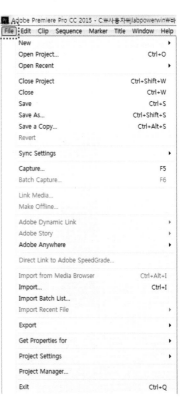

- File 메뉴

ⓐ New : 새로운 프로젝트 Project를 만든다. 프리미어 안에서 작업되는 영상, 이미지 등의 소스들은 이 프로젝트 파일이 관리한다. 동영상 편집을 하려면 이 프로젝트를 생성시켜야 한다.

ⓑ Open Project : 이전에 작업했던 Project 파일을 불러온다.

ⓒ Open Recent : 최근까지 작업했던 Project 파일들이 나타난다. 최대 10개까지 보여준다.

ⓓ Close Project : 프로젝트만 종료하고 프리미어는 종료하지 않는다.

ⓔ Close : 프리미어는 작업영역별 패널로 구분되어 있는데 각 패널 안에서의 작업 탭 중 선택된 패널이나 탭들을 닫는다.

ⓕ Save : 작업 중인 프로젝트를 저장한다.

ⓖ Save As : 작업 중인 프로젝트를 다른 이름으로 저장 시 사용한다.

ⓗ Save a Copy : 현재 작업 중인 프로젝트의 복사본을 만든다. 파일명에는 복사본이란 뜻인 'Copy'라는 단어가 들어간다.

ⓘ Revert : 현재까지 진행한 작업을 모두 무시하고 처음 불러왔던 상태로 되돌린다.

ⓙ Sync Settings : 어도비 클라우드에 저장된 데이터와 동기화 설정을 한다. 어도비 정품 이용자는 계정마다 어도비 클라우드 서비스를 이용할 수 있는데 로컬에서 편집 후 클라우드에 업로드할 수 있고 로컬에서 작업 후 로컬의 데이터와 클라우드의 데이터를 동기화시킬 수 있다.

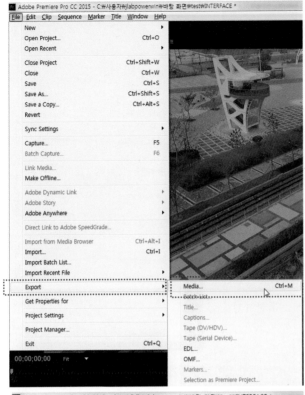

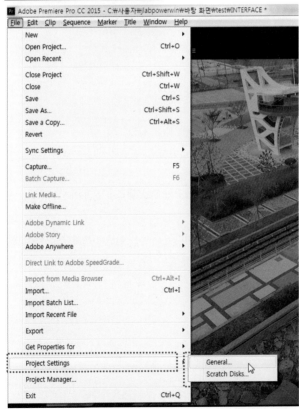

ⓚ Capture : 캠코더나 테이프 등에 녹화된 영상을 프리미어로 불러오기 위한 캡처기능인데 예전에는 비디오캠코더를 컴퓨터에 연결해야만 캠코더의 영상을 프리미어로 불러올 수 있었다. 현재는 대부분 SD메모리 등에 디지털 형식으로 저장하기 때문에 Capture 기능은 거의 쓰지 않는다.

ⓛ Import : 프로젝트에 영상 클립, 이미지파일, 사운드 소스 등을 불러오는데, 대부분의 미디어 파일을 불러올 수 있다. 만약 임포트한 파일이 프로젝트에서 확인되지 않는다면 최신 코덱 등을 설치하면 대부분의 영상 소스를 불러와서 사용할 수 있다.

ⓜ Import Batch List : 배치 리스트파일을 불러올 때 사용한다.

ⓝ Export : 편집 작업이 완료되면 해당 프로젝트를 기준으로 최종적으로 동영상이나 음악파일로 저장(내보내기)하는 기능이다.

ⓞ Get Properties for : 다른 프로젝트나 영상에 설정된 값을 현재 프로젝트에 가져오는 기능이다.

ⓟ Project Settings : 현재 작업 중인 프로젝트의 환경설정 및 메모리 관련 스크래치 디스크 환경을 설정한다.

- Edit 메뉴

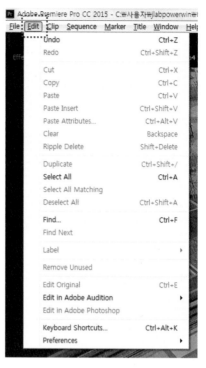

ⓐ Undo : 바로 직전 실행한 작업을 취소하거나 되돌린다.

ⓑ Redo : Undo 한 것을 다시 취소시킨다.

ⓒ Cut : 선택된 영상 클립을 잘라내 메모리에 임시 저장한다.

ⓓ Copy : 선택한 클립을 복사하여 메모리에 임시 저장한다.

ⓔ Paste : 복사(Copy)해둔 클립을 타임라인의 타임마커가 위치한 곳에 붙여 넣는다. 붙여 넣고자 하는 위치에 영상이 있을 경우 덮어쓰기로 삽입된다.

ⓕ Paste Insert : 복사(Copy)해둔 클립을 타임라인의 타임마커가 위치한 곳에 붙여 넣는데 붙여 넣고자 하는 위치에 영상이 있을 경우 끼워 넣기로 삽입된다.

ⓖ Paste Attributes : 복사해둔 클립에 효과가 적용되어 있을 경우 다른 클립에 붙여 넣을 때 속성까지 함께 붙여 넣는다. 붙여 넣을 속성을 설정할 수 있다.

ⓗ Clear : 선택된 클립이나 미디어 파일을 삭제한다.

ⓘ Ripple Delete : 타임라인의 클립 중 일부를 삭제하면 삭제한 곳이 비어 있게 되는데 Ripple Delete로 삭제하면 자동으로 뒤쪽의 클립이 앞으로 당겨져 채워진다.

ⓙ Duplicate : 선택된 미디어 파일이나 클립을 하나 더 복제한다.

ⓚ Select All : 타임라인의 모든 클립들을 선택한다. 단축키는 [Ctrl+A]

ⓛ Deselect All : 타임라인의 선택을 해제한다.

ⓜ Find : 프로젝트 패널에서 파일을 찾을 때 사용한다.

ⓝ Label : 타임라인 클립의 색상을 설정한다.

ⓞ Remove Unused : 프로젝트에 사용되지 않는 미디어를 일괄 삭제한다.

ⓟ Edit Original : 선택한 미디어를 원래 편집 프로그램으로 편집하거나 실행할 수 있도록 해당 프로그램을 실행한다.

ⓠ Edit in Adobe Audition : 타임라인이나 프로젝트 패널에서 선택한 미디어 파일을 어도비 오디션에서 편집할 수 있도록 어도비 오디션 프로그램을 실행한다.

ⓡ Edit in Adobe Photoshop : 타임라인이나 프로젝트 패널에서 선택한 미디어 파일을 어도비 포토샵에서 편집할 수 있도록 어도비 포토샵 프로그램을 실행한다.

ⓢ Keyboard Shortcuts : 키보드의 단축키를 재설정한다.

ⓣ Preference : 프리미어 프로 CC 2015의 사용 환경을 설정한다.

프리미어의 전반적인 사용자 환경을 설정한다. 편집 시 유의할 것들만 살펴보고 다른 사항은 기본 세팅된 값으로 유지한다(전체 항목의 자세한 설정은 별도의 프리미어 전문 서적을 통해서 알아보길 바라고 여기서는 편집 시 확인해야 할 몇 가지만 알아본다).

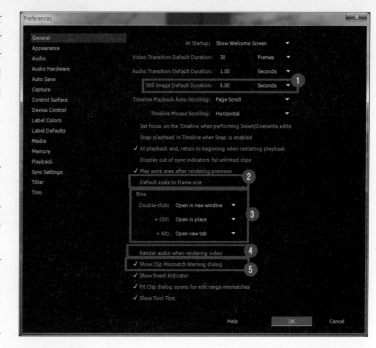

• General : 프리미어CC의 일반적인 사용 환경을 설정한다.

① 타임라인에 스틸이미지 삽입 시 몇 초 길이로 재생할지를 설정, 기본 값은 5초 이다.

② 새로 불러오는 영상을 화면 프레임 사이즈와 자동으로 맞추는 기능

③ Bin 폴더를 더블클릭할 때 미디어 파일 이 실행되는 방식 설정

④ 렌더링 시 오디오도 함께 렌더링에 포함 시키는 설정

⑤ 클립을 가져올 시 시퀀스 설정과 다를 경우 경고 대화상자 보이기 설정

• Appearance : 프리미어 각 외관들의 보기 색상을 설정 한다.

① 프리미어 프로그램 인터페이스의 전체 밝기를 설정

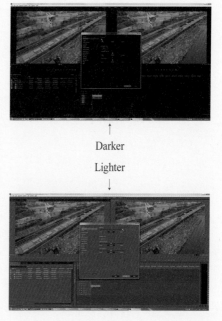

Darker

Lighter

• Audio : 프로젝트에 사용할 오디오에 대한 설정
  ① 오디오를 가져올 때 음파형을 자동으로 표시한다.
  ② 볼륨을 높일 때 최대 볼륨 값을 설정한다.

• Audio Hardware : 프리미어에서 사용할 오디오장
  치를 설정한다.
  ① 장치 종류를 선택, 일반 사운드카드 사용 시
    MME로 둔다.
  ② 오디오 녹음 장치 선택
  ③ 오디오 출력 장치 선택
  ④ 오디오 지연 시간으로 오디오가 지연되어 재생
    되거나 울림이 있을 경우, 이 수치를 조정한다.

• Auto Save : 프리미어 자동 저장 시간을 설정
  ① 자동 저장기능 사용 활성화 설정
  ② 자동 저장하는 시간 간격 설정
  ③ 자동 저장하는 프로젝트의 최대 저장 버전 수
  ④ 자동 저장 시 어도비 클라우드에 백업 여부 설정

• Capture : 비디오캠코더 등을 프리미어와 연결 후 프 ▶
리미어에서 영상을 캡처할 때 옵션 설정

• Control Surface : 별도의 외부 동영상 장치가 있을 ▶
경우 프리미어와 연결하여 프리미어에서 외부장치를
일부 제어하는 기능 설정

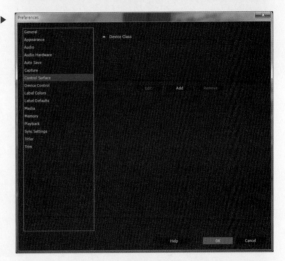

• Device Control : HDV 또는 DV 캠코더, 비디오 플 ▶
레이어 제어 옵션 설정

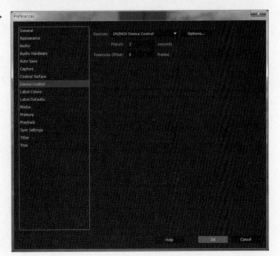

• Label Color : 타임라인의 클립 색상을 설정
  ① 클릭하여 색상을 변경
  ② 클릭하여 색상 이름 변경

• Label Defaults : 각 라벨 색상의 기본 값을 변경한다.
  ① 빈(Bins) 폴더 색상 지정
  ② 시퀀스 색상 지정
  ③ 비디오 클립 색상 지정
  ④ 오디오 클립 색상 지정
  ⑤ 무비 클립 색상 지정
  ⑥ 스틸 이미지 색상 지정
  ⑦ 다이내믹 링크 색상 지정

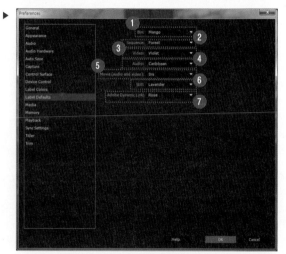

• Media : 편집 작업과정에서 생성되는 임시 미디어 파일 관리를 설정한다.
  편집 작업 중에는 캐시 파일들이 생성되는데 하드디스크의 용량을 차지하게 된다. 작업 완료 후에는 캐시 파일들을 정리해 두는 것이 좋다.
  ① 캐시 파일들이 저장되는 위치 설정
  ② 캐시 파일 삭제
  ③ 불러온 미디어 파일 시퀀스 프레임 속도를 설정

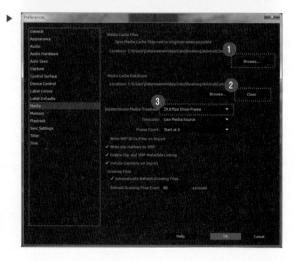

• Memory : 프리미어가 사용할 메모리를 설정한다. ▶
  ① 다른 응용 프로그램들이 사용할 메모리 크기
     설정

• Playback : 소스 모니터, 프로그램 모니터 등의 영 ▶
  상 재생에 관한 옵션을 설정한다.
  ① 타임라인의 타임마커는 방향키를 이용하여 일
     정 프레임 수 만큼 이동할 수 있는데 Shift + ←
     또는 Shift + → 시 움직이는 프레임수를 설정
     한다. 기본 값은 5이다.
  ② 오디오 재생 장치 지정
  ③ 별도의 비디오 재생 장치가 있다면 비활성화할
     수 있다.

• Sync Setting : 다른 PC 또는 여러 대의 PC에서 작 ▶
  업할 경우 사용자 설정을 클라우드 라이브러리를
  통해 동기화하여 같은 환경설정으로 작업할 수 있
  도록 한다. 세 항목 모두 체크하여 다른 PC에서도
  같은 환경설정으로 사용할 수 있다.

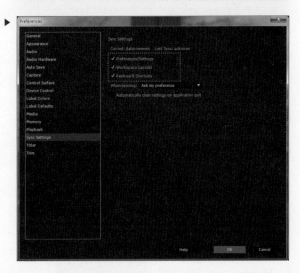

• Titler : 타이틀 대화상자 옵션을 설정한다.
① Title Styles에 표기되는 글꼴 설정
② 글꼴 선택 팝업에서 표시되는 글꼴 설정

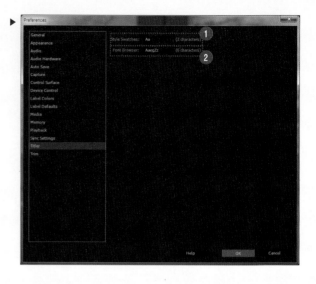

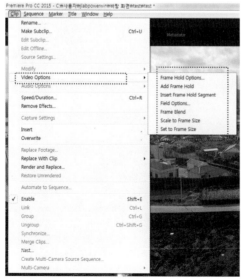

- Clip 메뉴

각 클립들을 제어하고 관리하는 기능들이 있다.

ⓐ Rename : 클립 이름을 변경한다.
ⓑ Make Subclip : 클립을 복사하여 서브클립을 더 만들어준다.
ⓒ Edit Subclip : 서브클립의 시작, 종료 지점을 변경한다.
ⓓ Edit Offline : 원래 있던 위치의 소스 파일이 이동되면 원래 있던 곳에서 사라지므로 오프라인 상태가 되는데, 그 파일을 수정할 때 사용한다.
ⓔ Modify : 오디오 클립의 채널, 장면, 타임코드를 조정한다.
ⓕ Video Options : 비디오 클립을 조정, 변경한다.
  * Frame Hold Options : 프레임 정지 옵션을 설정한다.
  * Add Frame Hold : 마커가 있는 위치에 프레임정지를 추가할 때 사용한다.
  * Insert Frame Hold Segment : 타임마커 위치에 세그먼트를 삽입하여 정지시키고 그 뒤부터 다시 원래 영상으로 재생하게 한다.
  * Scale to Frame Size : 비디오 클립을 설정된 시퀀스 프레임에 맞게 크기를 조절한다.

• Trim : 트림 모니터에 대한 환경을 설정한다.

ⓖ Audio Options : 오디오 클립에 대한 옵션을 설정한다.

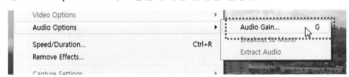

주로 오디오의 볼륨 크기를 설정하는 Audio Gain을 조절할 수 있다.

볼륨을 줄이려면 –값을, 높이려면 +값을 적용한다.

ⓗ Speed / Duration : 영상 클립의 재생 속도와 재생 시간을 조절한다.

* Speed : 영상 클립의 정상 재생 속도 기준은 100%으로 설정되어 있다. 슬로우 모션으로 2배 느리게 재생하려면 50%를, 2배 빠르게 재생하려면 200%를 적용하면 된다.

* Duration : 영상 클립의 재생 시간을 설정한다. 현재 시간에서 반으로 줄이면 재생 길이는 줄어들고 그만큼 재생 속도는 2배로 빨라진다.

* Reverse Speed : 영상 클립을 설정된 속도로 반대로 재생한다. 반대로 재생시 프로그램 모니터의 실시간 프리뷰로써는 제대로 재생되지 않을 수 있다. 이는 렌더링을 거치고 나면 정상적으로 재생된다.

　* Main Audio Pitch : 오디오의 음정을 유지한다.

ⓘ Remove Effect : 클립들에 적용된 이펙트를 제거한다.

ⓙ Insert : 프로젝트 패널에서 선택한 클립을 타임라인 타임마커 위치에 삽입하여 끼워 넣어준다.

ⓚ Overwrite : 프로젝트 패널에서 선택한 클립을 타임라인 타임마커 위치에 그대로 덮어쓰기로 끼워 넣어준다.

ⓛ Replace Footage : 프로젝트 패널의 소스들이나 타임라인의 클립들을 타 미디어 클립으로 대체한다. 기존 클립에 적용된 효과는 그대로 적용시켜 주고 기존 클립은 삭제된다. 적용된 효과나 이펙트는 그대로 유지하고 소스 클립만 대체할 때 사용한다.

ⓜ Replace with Clip : 타임라인의 선택
한 클립을 소스 모니터 파일로 교체할
때 사용한다.

ⓝ Render and Replace : 선택된 클립을
렌더링한 후 다른 클립으로 교체한다.

ⓞ Automate to Sequence : 프로젝트 패
널에서 2개 이상 선택한 여러 클립들을
자동으로 타임라인에 배치시켜 준다.

ⓟ Unlink : 오디오가 있는 영상 클립의
연결을 풀어 오디오와 영상을 별개로
분리시켜 준다. 이때 오디오를 영상과
분리시켜 개별로 삭제, 이동, 변경할 수
가 있다.

ⓠ Link : 분리된 영상과 오디오를 다시 묶
는 기능이다.

ⓡ Group : 타임라임의 클립들을 그룹화
한다.

ⓢ Ungroup : 그룹된 것을 해제한다.

ⓣ Merge Clips : 영상 클립을 다른 클립
에 병합시킨다.

ⓤ Nest : 다른 트랙에 있는 영상 클립을 하
나의 클립으로 만든다. 오디오 클립은
병합되지 않고 영상 클립만 병합된다.

영상을 조정하고 관리하
는 시퀀스 설정을 한다.

ⓐ Sequence Setting : 시
퀀스의 화면 크기, 오디
오 환경을 설정한다.
시퀀스를 설정해야 편
집 작업이 가능하다. 이
시퀀스에 맞지 않는 미
디어클립을 불러올 때
시퀀스 변경설정을 해
줘야 한다.

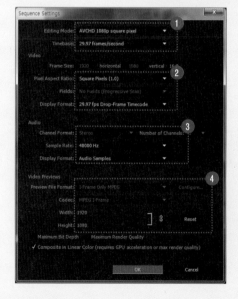

① 시퀀스 영상 설정
② 화면 규격 설정
③ 오디오 설정
④ 프리뷰 설정

ⓑ Render Effect In to Out : 인(Mark In)-아웃(Mark Out)
구간에 한하여 이펙트가 적용된 상태로 렌더링을 한다.

ⓒ Render In to Out : 인(Mark In)-아웃(Mark Out)으로 설
정된 부분만 렌더링한다.

ⓓ Render Selection : 타임라인에서 선택된 클립만 렌더링
한다.

ⓔ Render Audio : 오디오 클립만 렌더링한다.

ⓕ Delete Render Files : 앞의 4가지로 렌더링한 파일을 삭제한다.

ⓖ Delete Render Files In to Out : 앞의 4가지로 렌더링한 클립의 인(Mark In)-아웃(Mark Out) 구간만 삭제한다.

ⓗ Match Frame : 작업 중인 클립의 특정위치를 소스 패널의 소스 영상에서 찾고자 할 때 사용한다. 타임라인 영상 클립의 특정위치에 타임 마커를 이동 후 키보드 M으로 위치 확인 마커를 추가한 다음 Match Frame 을 실행하면 해당 영상의 소스 영상에서 M으로 지정된 위치를 쉽게 찾을 수 있다.

ⓘ Link Media : 유실된 파일을 찾아 연결하는 기능이다. 프로젝트에서 작업 중인 소스 클립이 다른 위치로 이동되면 오프라인 파일 상태가 되는데 이때 해당 클립을 찾아 선택 후 Link Media를 실행하면 유실된 파일을 다시 찾아 정상적인 프로젝트가 되게 한다.

ⓙ Add Edit : 타임 마커가 있는 지점의 클립을 실시간으로 자르고 편집할 수 있게 한다.

ⓚ Add Edit to All Track : 타임 마커가 있는 지점의 다른 트랙의 클립도 실시간으로 자르고 편집할 수 있게 한다.

ⓛ Time Edit : 트림 모니터를 이용하여 클립을 정밀하게 자를 때 사용한다. 타임라인의 자르고자 하는 영상 클립을 선택 후 Time Edit를 실행하면 트림 모니터가 뜨면서 1프레임 또는 5프레임씩 정밀하게 움직이면서 클립을 자를 수 있다. 왼쪽 모니터는 잘려지는 영상 클립이고 오른쪽 모니터는 뒤에 이어질 영상 클립이다.

ⓜ Apply Video Transition : 타임라인에서 선택된 영상 클립의 시작과 종료 지점에 자동으로 '디졸브(Dissolve)' 트랜지션 효과를 만들어준다. 여러 개의 영상 클립에 한 번에 트랜지션 효과를 입힐 때 유용하다.

ⓝ Apply Audio Transition : 타임라인에서 선택된 오디오 클립의 시작과 종료 지점에 '페이드(Fade)' 트랜지션 효과를 자동으로 입혀준다. 여러 개의 오디오 클립에 일괄적으로 입힐 때 유용하다.

ⓞ Apply Default Transition to Sellection : 타임라인에서 선택된 비디오, 오디오 클립에 트랜지션을 자동으로 만들어준다. 비디오, 오디오 클립 모두에 적용되고 여러 개의 클립에 적용할 때 유용하다.

ⓟ Lift : 타임라인의 영상 클립에 마커 인, 아웃이 있을 때 그 영역을 잘라내 준다.

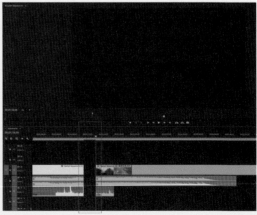

ⓠ Extract : 타임라인 영상 클립에 마커 인, 아웃이 있을 때 영역을 잘라낸 후 빈 공간에 자동으로 뒤의 클립을 끌어와 채워 준다.

ⓡ Zoom In : 타임라인을 확대시켜 정밀하게 볼 수 있다.

ⓢ Zoom Out : 타임라인을 축소시켜 전체적으로 볼 수 있다.

ⓣ Go to Gap : 이전 또는 다음으로 시퀀스나 트랙으로 마커를 이동 시킨다.

ⓤ Snap : 타임라인에서 작업 시 클립들을 이동시키는 경우 및 마커 위치에 맞춰 정확하게 자를 때 마우스 커서나 클립들이 자동으로 해당 위치로 이동한다. 항상 활성화시켜두는 게 편집 시에 좋다.

ⓥ Linked Sellection : 오디오가 있는 영상 클립은 자체적으로 오디오와 비디오가 붙어 있다. 이 옵션을 끄면 오디오와 비디오가 분리되기 때문에 편집 작업 시 항상 켜두는 게 좋고 오디오와 비디오를 분리할 때는 unlink를 사용한다.

ⓦ Show Through Edit : 두 개의 클립이 서로 연속되는지 표시하는 기능이다. 연속되는 지점에 작은 삼각형으로 표시된다.

ⓧ Normalize Master Track : 오디오 클립들의 볼륨을 일제히 설정한 값으로 낮출 때 사용한다. 0db 이하로만 적용할 수 있다.

ⓨ Add Track : 타임라인에서 새로운 트랙을 추가 한다.

ⓩ Delete Track : 타임라인의 트랙을 삭제한다. 삭제 옵션에 따라 비어있는 트랙을 일괄로 삭제할 수 있다.

- Marker 메뉴

주로 영상 클립에 마커 인(Marker In), 마커 아웃(Marker Out)을 작업하는 기능들로 구성되어 있다. 타임라인에서 본 편집하기 전에 클립 소스들을 소스 패널에서 먼저 마커 인, 아웃으로 1차 가공하는 것이 소요 시간을 줄이고 위치를 찾기 쉬우므로 마커 인, 아웃 기능을 적극 활용하도록 한다.

ⓐ Marker In : 타임마커가 있는 위치에 마크 인 지점을 생성한다. 단축키는 I 이며 인점이 생성된 부분이 소스 클립으로 시작 부분이 된다.

ⓑ Marker Out : 타임마커가 있는 위치에 마크 아웃 지점을 생성한다. 단축키는 O 이다. 아웃점이 생성된 부분이 소스 클립으로 마지막 부분이 된다.

ⓒ Marker Clip : 타임라인의 영상 클립 중 타임마커가 위치해 있는 영상 클립 전체에 마커 인, 마커 아웃을 설정한다. 영상 클립 시작 지점에는 마커 인점이, 종료 지점에는 마커 아웃점이 생성된다.

ⓓ Go to In : 타임마커를 마크 인 위치로 이동시킨다. 단축키 [Shift + I]

ⓔ Go to Out : 타임마커를 마크 아웃 위치로 이동시킨다. 단축키 [Shift + O]

ⓕ Clear to In : 마커 인 포인트를 삭제한다. 단축키 [Ctrl + Shift + I]

ⓖ Clear to Out : 마커 아웃 포인트를 삭제한다. 단축키 [Ctrl + Shift + O]

ⓗ Clear In and Out : 인 포인트, 아웃 포인트를 모두 삭제한다. 단축키 [Ctrl + Shift + X]

ⓘ Add Marker : 타임마커가 있는 위치에 마커를 생성

한다. 단축키 [M]

ⓙ Go to Next Marker : 다음 위치에 있는 마커 이동한다. 단축키 [Shift + M]

ⓚ Go to Previous Marker : 바로 이전 위치에 있는 마커로 이동한다. 단축키 [Ctrl + Shift + M]

ⓛ Clear Selected Marker : 선택한 마커를 삭제한다. 단축키 [Ctrl + Alt + M]

ⓜ Clear All Markers : 타임라인에 생성된 모든 마커를 삭제한다. 단축키 [Ctrl + Alt + Shift + M]

ⓝ Edit Marker : 마커의 이름 및 컬러 등을 설정한다.

ⓞ Add Chapter Marker : 챕터 마크를 생성한다.

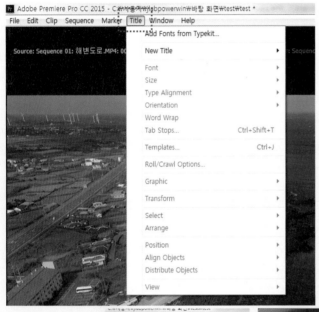

- Title 메뉴

◀ Title은 영상에 자막이나 제목, 기타 도형 등을 삽입할 때 사용한다. 별도의 Title 편집 창에서 작업하며 생성 후 프로젝트 패널에 미디어 형태로 추가된다. 드래그 앤 드롭으로 타임라인에 삽입하여 최종 작업을 한다.

ⓐ Add Fonts from Typekit : 시스템에 설치된 폰트 이외에 프리미어는 어도비 클라우드에서 다양한 폰트를 가져올 수 있다.

▼

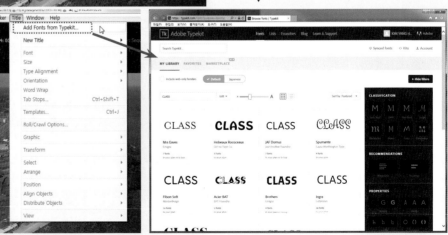

ⓑ New Title : 제목(타이틀), 자막, 도형 등을 생성한다.

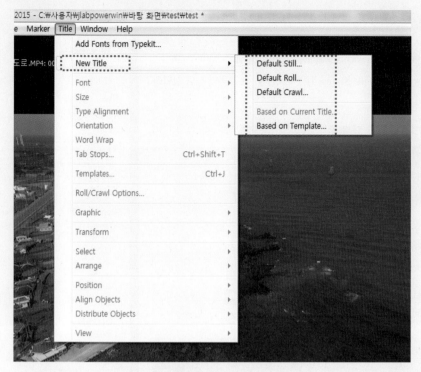

* Default Still : 정지(Still) 타이틀을 생성한다.

* Default Roll : 아래에서 위로 움직이는(Roll) 타이틀을 생성한다.

* Default Crawl : 좌우로 이동하는 타이틀을 생성한다.

New Title 실행 후 타이틀 속성(Still, Roll, Crawl)을 정하면 타이틀 패널 창이 뜬다.

이곳에서 폰트 종류, 크기, 효과 등을 설정해 줄 수 있다.

❖❖ 타이틀 패널을 불러오려면..? ❖❖

메인 Window 탭에는 타이틀 패널 메뉴는 없지만 하위 항목 중에 Title Action이
나 Title Designer, Title Properties, Title Styles, Title Tools 중 어느 하나라도 선택하
면 타이틀 패널창 전체를 열 수 있다.

타이틀 패널에서 만들어진 타이틀 클립 소스는 프로젝트 패널에 자리 잡게 되며
타임라인 패널에 드래그해서 집어넣으면 된다.

① **Title Tool 패널** : 타이틀 작성 시 사용되는 도구들이 모여 있다. 글자, 도형, 패스,
　오브젝트 등을 생성하고 제어한다.

② **Title Action 패널** : 타이틀, 도형 개체들의 위치나 정렬을 제어한다.

③ **Title Designer 패널** : 실질적으로 타이틀을 작성하는 곳이다. 글자의 크기, 정렬,
　글꼴 등을 설정하고 결과는 아래의 모니터 화면에 나타난다. 　를 이용하여 배
　경 영상을 함께 보이게 할 수 있다.

④ **Title Styles 패널** : 다양한 타이틀 스타일을 지정할 ▶
　수 있고 작업자가 자주 쓰는 스타일을 프리셋으로 저
　장하여 다음에도 계속 사용할 수 있다.

⑤ **Title Properties 패널** : 타이틀과 도형, 오 ▶
브젝트들을 세부적으로 제어하는 곳이다.

ⓐ Font : 타이틀 패널에서 글자를 선택 후 사
용하며 글자의 글꼴을 설정한다.

ⓑ Size : 타이틀 패널에서 글자를 선택 후 사
용하며 글자의 크기를 설정한다.

ⓒ Type Alignment : 타이틀 패널의 글자 선
택 후 글자의 정렬을 좌, 우, 가운데 기준
정렬로 설정한다.

ⓓ Orientatione : 타이틀 패널에서 글자 쓰
기를 가로 방향, 세로 방향으로 설정한다.

ⓔ Word Warp : 타아틀 패널에서 문자 입력 시 글자가 화면 밖으로 나가지 않게 하여 작업의 편의성을 높여 준다. 프리미
어 작업 시에 켜두는 것이 좋다.

Word Warp 기능 비활성 시   Word Warp 기능 활성 시

ⓕ Templates : 문자 입력 시 미리 설정한 템플릿을 적용
할 수 있다.

ⓖ Roll/Crawl Option : 타이틀 패널이 활성화된 상태에
서 실행된다. 문자의 움직임을 설정할 수 있다.

* Still : 움직이지 않는 정지 문자
* Roll : 글자를 아래에서 위로 이동시킨다.
* Crawl Left : 글자를 왼쪽으로 이동시킨다.
* Crawl Right : 글자를 오른쪽으로 이동시킨다.
* Start Off Screen : 영상 시작 시점에서 이동 시작
* End Off Screen : 영상 종료 시점에서 이동 시작
* Preroll : 설정한 프레임 수만큼 기다렸다가 이동 시작
* Ease-In : 설정한 프레임 수만큼 시작부가 느리게 진행한다.
* Ease-Out : 설정한 프레임 수만큼 종료부가 느리게 진행한다.
* Postroll : 설정한 프레임 수만큼 움직인 후 일시정지 삽입

ⓗ Graphic : 타이틀 패널에서 문자 외에 이미지나 사진 등을 문자와 같이 삽입하게 할 수 있다.

ⓘ Transform : 타이틀 패널에서 문자의 크기, 위치, 회전각도, 투명도 등을 설정할 수 있다.

ⓙ Sellect : 타이틀 패널에서 작업 중인 문자의 위 또는 아래에 있는 것을 선택할 수 있다.

ⓚ Arrange : 타이틀 패널에서 각 개체들의 위치들을 정렬하는 것으로 위 또는 아래쪽으로 이동, 제어할 수 있다.

ⓛ Position : 타이틀 패널에서 개체들의 위치를 화면 중앙, 왼쪽, 가운데 등으로 정렬할 수 있다.

ⓜ Align Objects : 타이틀 패널에서 여러 개체들을 선택 후 모두 일괄적으로 왼쪽, 중앙, 오른쪽 정렬 등을 할 수 있다.

ⓝ Distribute Objects : 타이틀 패널에서 여러 개체들의 간격을 일정하게 정렬할 수 있다.

ⓞ View : 타이틀 패널에 나타나는 보기 옵션을 설정한다.

- Window 메뉴

프리미어 메인 화면에서 각종 패널, 창 표시 방법을 설정한다. 편집 작업에 필요한 몇 가지만 알아보자. ▶

ⓐ Workspace : 프리미어의 작업 패널을 구성할 때 사용한다. 몇 가지의 작업창 스타일이 있는데 사용하기 용이한 것으로 설정하면 된다. [Editing]을 선택하면 원래 모양인 기본 인터페이스로 변경된다.

▼

ⓑ Maximize Frame : 선택된 모니터창의 크기를 최대로 확대한다.

ⓒ Audio Clip Effect Editor : 오디오 클립의 이펙트창을 불러온다.

ⓓ Audio Clip Mixer : 오디오 클립 믹서창을 불러온다. 선택한 클립에만 적용한다.

ⓔ Audio Meters : 오디오 레벨 미터를 불러온다.

ⓕ Audio Track Mixer : 오디오 트랙 믹서창을 불러온다. 선택된 오디오 트랙 전체에 믹서가 적용된다.

ⓖ Captions : 자막 설정 패널을 불러온다.

ⓗ History : 작업 내역 순서대로 기억된 작업 내역 히스토리 리스트를 불러온다. 해당 히스토리를 선택해 작업 내역을 되돌릴 수 있거나 확인할 수 있다.

ⓘ Metadata : 작업 중인 파일에 메타데이터를 입력할 수 있는 창 패널을 불러온다.

ⓙ Reference Monitor : 현 작업위치만 볼 수 있는 레퍼런스 모니터창을 불러온다.

∷ 프로젝트 패널 기본 사용법 ∷

프로젝트 패널에는 편집에 사용되는 각종 소스들이 모여 ▶ 있으며 이러한 소스를 불러오고 관리한다. 만약 소스들에 변경이 생기면 타임라인 패널의 작업에도 영향을 미치므로 계획적으로 사용해야 한다.

•프로젝트 패널에 콘텐츠 불러 오기

앞서 학습한대로 먼저 시퀀스 설정을 하면 프로젝트 패널에 설정된 시퀀스가 자동으로 생성되는데 이렇게 되면 영상 편집을 할 수 있는 상태가 된 것이다. 여기에 영상 클립이나 사운드, 이미지 등을 불러와야 하는데 패널 내부에 마우스를 대고 왼쪽 버튼을 더블 클릭 하면 윈도우탐색기창이 뜨면서 파일을 불러올 수 있다.

※ 프로젝트창에 파일 불러오는 방법

• 프로젝트창 내부 빈 공간에 마우스 왼쪽 더블 클릭
• 프리미어 프로 CC의 메뉴바를 이용해서 불러올 수 있다(File – import).
• 윈도우 탐색기에서 드래그 앤 드롭으로 그대로 가져올 수 있다.

- 프로젝트 패널 '폴더(Bin)' 관리 ▶

영상은 시간 길이에 따라 도입-중간-결말(끝 또는 마무리)로 각 단계별로 소스를 분류하면서 작업하면 편집 과정이 보다 간편해지고 의미 전달이 잘 된다. 그래서 프로젝트 패널의 소스들을 불러올 때 각 상황에 맞는 클립별로 폴더를 구분하여 분류할 수 있다. 폴더 bin을 생성하려면 패널창 안에서 마우스 오른쪽 버튼을 클릭한 후 -New bin을 선택한다.

도입, 중간, 결말 세 가지 분류 폴더를 만들 수 있다. 각 폴더별로 영상 클립을 넣어주면 작업할 때 스토리 전개를 보기 간편해진다. ▶

리스트 보기 방식 설정

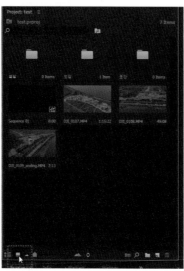

아이콘 보기 방식 설정

- 프로젝트 패널 보기 방법 변경

프로젝트 패널 안의 파일들 보기 방법은 아이콘 보기 방식과 리스트 보기 방식이 있다.

아이콘 보기 방식은 소스들의 내용을 바로 확인할 수 있지만 아이콘의 크기가 있어 소스가 많을 경우 바로 확인하기가 어렵다. 그땐 리스트 보기 방식으로 변경해준다.

※ 아이콘 보기 방식에서 소스 썸네일의 크기를 변경
  할 수 있다.
패널 하단의 슬라이드바 형식의 보기 줌 기능을 이용하면 소
스 크기를 확대, 축소해서 볼 수 있다.

소스 모니터 패널 기본 사용법

편집에 이용할 영상을 소스 모니터 패널로 가져와
길이를 조정하고 편집해보자.

소스 모니터 패널 모습

- 프로젝트 패널의 영상 클립 가져오기

프로젝트 패널에 있는 영상을 선택해
더블 클릭하거나 그대로 소스 모니터로
드래그 앤 드롭해서 가져온다.

드래그 앤 드롭으로
가져올 수도 있다.

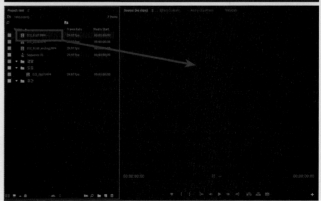

- 소스 모니터에서 기본 편집하기

소스 모니터에서 영상 클립의 필요한 부분만 잘라내어 작업 중인 타임라인 영상에 끼워 넣거나 덮어쓰기를 할 수 있는데 패널 아래 부분 도구들의 기능은 다음과 같다.

① **타임헤더** : 영상의 일정프레임에 헤더를 표시한다.

② **Mark In** : 인점을 생성하여 범위의 시작점이 된다.

③ **Mark Out** : 아웃점을 생성시켜 범위의 끝점이 된다.

④ **Go to In** : 인점으로 헤더를 이동시킨다.

⑤ **Step Back 1 Frame** : 타임 헤더를 1프레임씩 앞으로 이동시킨다.

⑥ **Play Stop Toggle** : 소스 모니터의 영상을 재생하고 멈추는 기능을 한다. 키보드의 'Space'를 이용한다.

⑦ **Step Forward 1 Frame** : 타임 헤더를 1프레임씩 뒤로 이동시킨다.

⑧ **Go to Out** : 아웃점으로 헤더를 이동시킨다.

⑨ **Insert** : 소스 패널의 영상을 타임라인 영상에 끼워 넣는다.

⑩ **Overwrite** : 소스 패널의 영상을 타임라인 영상에 덮어쓴다.

⑪ **Export Frame** : 프레임 단위로 이미지 등으로 익스포트 시켜준다.

ⓐ 인점, 아웃점으로 영상 부분 길이 잘라내기

소스 모니터 패널 하단에는 소스 영상 클립을 자유롭게 잘라 내거나 범위를 지정하여 잘라낼 수 있다.

Mark In, 인점, 🅸 , (I) : 영상의 시작되는 지점 설정

Mark Out, 아웃점, 🅾 , (O) : 영상의 끝나는 지점 설정

우선 영상 클립 2개를 프로젝트 ▶
패널로 불러온 다음 DJI_0108 클립
은 타임라인 패널에 DJI_0107 클립
은 소스 패널로 불러온다.

🔘 파일 위치 : 6장〉예제 소스〉영상 소스〉DJI_0107.mp4

* 소스 모니터 패널에서 패널 하단 ▶
의 플레이-스탑 토글 버튼(▶)으
로 영상을 재생하면서 인점, 아웃
점의 적용 위치를 설정한다.

🔘 파일 위치 : 6장〉예제 소스〉영상 소스〉DJI_0108.mp4

* 10초 위치에 인점(▮)을 클릭하 ▶
면 10초 부분에 인점이 생성된다.
* 15초 위치에 아웃점(▮)을 클릭
해서 15초 부분에 아웃점을 생성
했다.

이로써 이 영상 클립 중에서 10초에서 15초까지의 인점, 아웃점으로 범위를 정했다. 이 범위의 클립만 타임라인 패널 편집에 넣게 될 것이다.

ⓑ 인점, 아웃점으로 만든 클립을 타임라인 영상에 넣기

타임라인 영상에 넣는 방법은 두 가지다.

* 인서트(　) : 영상 중간에 끼워 넣을 때 사용한다.
* 오버레이(　) : 영상을 기존 영상 위에 덮어쓰기로 넣는다.

먼저 타임라인의 기존 영상DJI_0108에 소스패널 영상을 끼워 넣고자 하는 위치에 타임마커(　)를 이동시킨다.

그 다음 소스 패널에서 인서트(　)를 클릭한다. 소스 영상이 끼워 넣기로 삽입됐다.

오버레이()버튼을 클릭하면 기존 영상의 마커 위치에 그대로 덮어쓰기로 삽입된다.

※인서트로 넣으면 끼워 넣은 만큼의 기존 영상 길이가 늘어나지만 오버레이로 넣으면 기존 영상 위치에 덮어버리므로 영상 길이는 변하지 않는다.

* 소스 모니터 패널 영상을 '드래그 앤 드롭'으로도 타임라인에 넣을 수 있다.

소스 모니터 패널에서 인점, 아웃점을 지정한 후 소스 화면을 왼쪽 클릭한 채 그대로 드래그하면 타임라인에 가져올 수 있다.

⠿ 타임라인 패널 기본 사용법 ⠿

타임라인은 직접적으로 영상을 편집하는 곳이다. 영상 소스, 오디오 소스, 이미지, 자막(타이틀) 등이 배치되어 각 위치와 길이를 조정하고 전환 효과(트랜지션, 이펙트) 등을 적용시킬 수 있다. 또한 클립들과 키프레임으로 구성되어 조정된다.

① 타임라인 작업 영역 길이 : 타임라인 작업 길이는 시간 표기로 되어있다.
② 트랙헤더 : 각 트랙별로 기본 속성 보기와 옵션 등을 볼 수 있다.
③ 클립의 위치, 길이 등을 볼 수 있고 편집 작업이 이루어지는 영역이다.

- 타임라인으로 영상 소스 불러오기

소스 패널이나 프로젝트 패널 등에서 준비한 소스 영상을 불러온다.

※ 타임라인 패널에 영상 클립 소스 가져오는 방법

• 프로젝트 패널에서 타임라인 패널까지 드래그 앤 드롭으로 가져오기

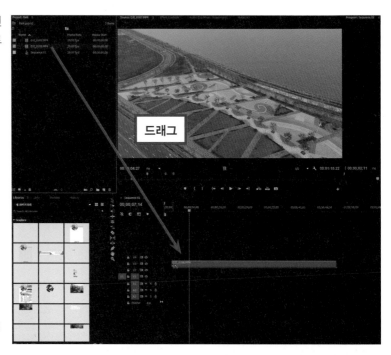

프로젝트 패널에서 클립 선택 후 드래그 앤 드롭으로 가져온다.

• 소스 모니터 패널에서 타임라인 패널까지 드래그 앤 드롭으로 가져오기

• 소스 모니터 패널에서 타임라인 패널까지 드래그 앤 드롭으로 가져오기

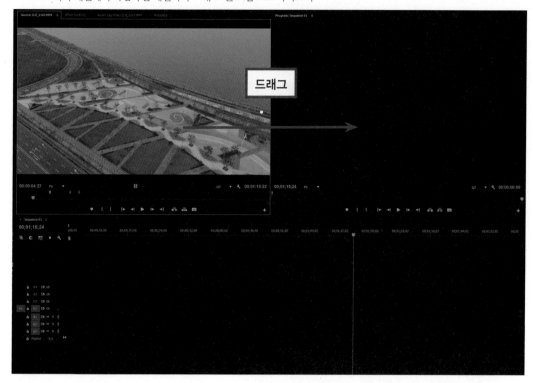

• 클립 소스가 있는 폴더에서 타임라인 패널까지 드래그 앤 드롭으로 가져오기

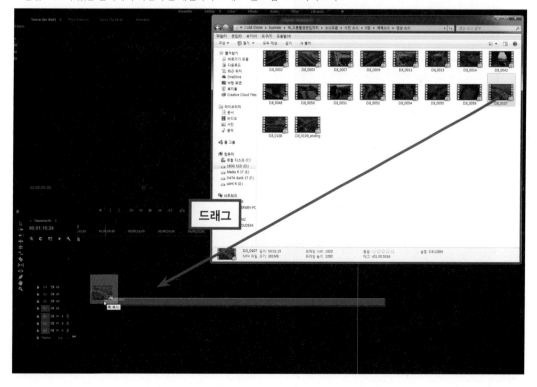

- 타임라인 패널 확대, 축소하기

타임라인에 올린 영상 클립들의 편집 시 타임라인의 창 크기를 확대,
축소하여 보다 디테일한 부분이나 섬세한 작업을 할 수 있다.

ⓐ 도구상자의 줌(Zoom) 이용하기

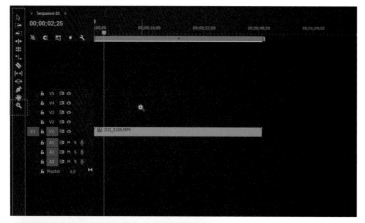

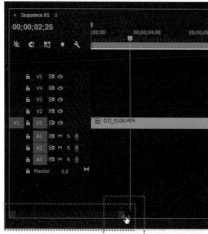

줌을 선택하고 타임라인 임의의 곳을 클릭하면 확대가
되며 시간의 간격도 넓어진다.

축소는 줌이 활성화된 상태에서 'Alt+클릭'하면 된다.

ⓑ 타임라인 영역 바를 이용하여 확대, 축소하기
패널 하단의 타임라인 보기 영역바를 좌, 우로 조절하며 확
대, 축소할 수 있다.

ⓒ Alt를 이용하여 확대, 축소하기

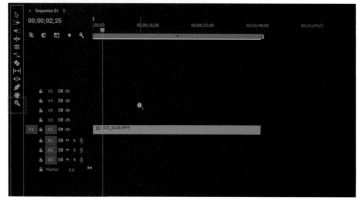

타임라인 임의의 공간
에 마우스를 위치시킨 후
키보드의 Alt 를 누른 채
마우스 휠을 위아래로 스
크롤 하면 마우스 커서가
있는 곳을 중심으로 확대
또는 축소할 수 있다.

ⓓ 타임라인 패널 임의의 곳에 마우스 커서를 위치시킨 후 키보드 ＋ 누르면 확대가 되고 － 를 누르면 축
소된다.

∷ Work Area Bar 작업영역 설정하여 효율적인 작업을 하자 ∷

편집작업 완료후 렌더링을 걸 때 작업영역의 범위에 따라 렌더링분량이 결정된다.

작업영역(Work Area Bar)이 지정된 범위까지만 렌더링을 진행이 되고 작업영역 Work Area Bar 이외의 범위에선 렌더링에 반영되지 않는다.

평소 작업시 타임라인상의 작업영역을 설정하여 작업시간을 아끼고 효율을 높이도록 한다.

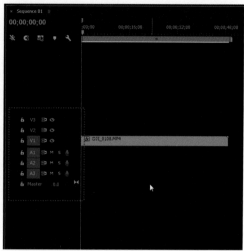

〈Work Area Bar가 활성되지 않은 상태〉

Work Area Bar가 나타난다.

작업영역바(Work Area Bar)가 활성되지 않는 경우가 있는데 이럴 경우 패널 왼쪽부분의 시 퀀스 옆 팝업 메뉴-'Work Area Bar' 클릭하면 타임라인 패널 상단에 나타나게 할 수 있다.

- 타임라인에 트랙 추가, 삭제하기

프리미어를 실행하면 타임라인에는 비디오 트랙 3개, 오디오 트랙 3개가 설정되어 있다. 이는 각 트랙별로 클립과 클립 간의 효과, 보이기 설정 등으로 구분하여 편집을 가능하게 한다. 이제 트랙을 추가하거나 삭제할 수 있는 방법을 알아보겠다.

※ 비디오 트랙 : 영상 클립, 이미지, 자막(타이틀) 소스가 위치한다.

오디오 트랙 : 사운드 소스가 위치한다.

@ 타임라인 비디오 트랙 추가하기

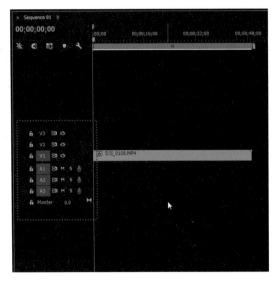

비디오 트랙은 V1~V3이며 'V'로 표시된다.
오디오 트랙은 A1~A3이며 'A'로 표시된다.

비디오 트랙 3개를 추가해보자.

트랙 헤더 임의의 곳에 마우스를 위치한 후
마우스 오른쪽 버튼 클릭-'Add Track' 클릭

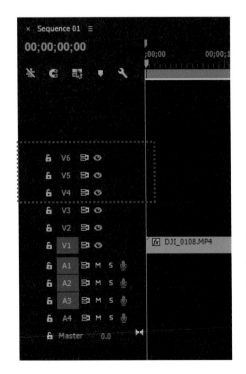

◀ Add Track 팝업창에서 필요한 트랙 수 Add : 3을 넣고 그 아래 Placement-After Video 3을 선택하고 OK 클릭

비디오 트랙 V3 이후로 V4, V5, V6 등 3개의 트랙이 추가되었다.

ⓑ 타임라인 오디오 트랙 추가하기

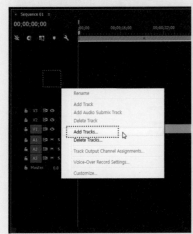

▲ 비디오 트랙 추가와 마찬가지로 트랙 헤더 임의의 곳에서 마우스 오른쪽 버튼 클릭-'Add Track'

◀ Audio Track에서 필요한 오디오 트랙 수 3개를 Add에 넣고 Placement에 After Audio 4를 선택 후 OK 클릭한다.

◀ 오디오 트랙 A3 아래로 A5, A6, A7 등 3개의 오디오 트랙이 추가되었다.

※ Add Track창에서는 한 번에 비디오 트랙과 오디오 트랙을 최대 99개까지 추가할 수 있다. ▶

© 타임라인 비디오, 오디오 트랙 삭제하기 ▶

트랙을 삭제하는 방법은 두 가지가 있다. 개별로 삭제하는 방법과 Delete Track 대화상자에서 한 번에 함께 삭제하는 방법이다.

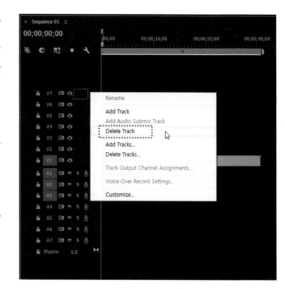

* 단일 트랙들만 삭제할 때 : 삭제하고자 하는 트랙 헤더에 마우스를 위치하고 오른쪽 버튼 클릭 – 팝업 메뉴 'Delete Track'선택
* Delete Track 대화상자에서 삭제 : 비디오 트랙, 오디오 트랙을 함께 삭제할 수 있다.

비디오 트랙과 오디오 트랙에 Delete Video Track, Delete Audio Track 모두 √ 체크한 후 삭제하고자 하는 트랙을 선택하여 OK하면 해당 트랙들이 삭제된다.

- 각 트랙을 제어 하는 트랙 헤더

트랙마다 트랙 헤더가 있다. 각 트랙에 대한 잠금, 보기, 기타 효과 제어, 타게팅 등의 속성을 정할 수 있는데 편집 작업 시 트랙 헤더를 잘 운영하면 작업이 좀 더 수월하거나 오류를 방지할 수 있으므로 기본적인 기능은 알아둔다.

ⓐ Source Patching 마크

소스 패널에서 인점, 아웃점 등으로 편집된 소스 클립을 타임라인 비디오 트랙에 인서트 또는 오버라이트
할 때 Source Patching 마크가 있는 트랙에 적용된다.

소스 패널에서 인점, 아웃점 설정
한 후

소스 패널 하단의 인서트(⬚) 하면 V1 트랙에 있는 영상 클립에
삽입된다.

ⓑ Track Lock

트랙 잠금 기능으로 잠금 설정 시 선택, 효과, 편집 등을 할 수 없게 되고 클릭할 때마다 설정, 해제가 반복된다.

ⓒ Track Tarketing

클립에서 키보드 ⬆ , ⬇ 를 이용하여 타임라인 마커(편집 기준선)를 이동할 때 적용받는 트랙을 포함시키거나 제외시키는 트랙 앞에 설정한다. 클릭할 때마다 설정, 해제된다.

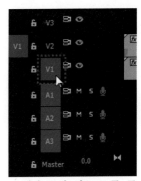

해당 트랙 번호V1..를 클릭할 때마다 설정, 해제된다.

ⓓ Toggle Sync Lock 🔲 설정, 🔲 해제

소스 패널로부터 영상 클립을 인
서트하거나 Ripple Delete, Trim 등
의 편집 시 다른 트랙과 함께 적용되
는 것을 설정한다. 클릭할 때마다 설
정, 해제된다.

V1 트랙의 Toggle 버튼을 클릭하
여 🔲 동기화 해제, V2 트랙의 Toggle
은 🔲 로 서로 동기화한 상태에서 소
스 패널로 영상 클립을 인서트 하면

○ 예제 샘플 : 6장〉예제 소스〉project〉park.prproj

Source Patching된
V1 트랙의 영상에만
소스 패널의 영상 클
립이 인서트 된다.

Source Patching된
V1 트랙의 영상뿐만
아니라 다른 트랙의
영상이 삽입된 소스
클립 영상만큼 떨어
지면서 분리된다.

ⓔ Track Output

　■ : 해당트랙의 클립을
프로그램 모니터에 보여
준다.

　■ : 해당트랙의 클립을
프로그램 모니터에서 보
이지 않게 한다.

ⓕ Audio Mute Track

활성화시키면 해당 트랙
의 오디오가 음소거되며
렌더링 시에도 해당 트랙
의 오디오가 제외된다.

ⓖ Audio Solo Track

활성화된 트랙의 오디오
만 재생되며 나머지 트랙
의 오디오는 음소거된다.

ⓗ Voice over Record

외부입력 마이크 등을 이
용하여 해당 트랙에 내레
이션 등을 바로 녹음하
여 넣을 수 있다.

이 보이스 오버 레코드
기능은 프리미어 프로
CC 2015.3 버전에서 볼
수 있다.

※ 클립을 재생할 때는 간단하게 　Spacebar　 를 이용한다.

스페이스바는 재생을 위한 단축키에 해당하므로 소스 패널 및 타임라인 패널의 영상 클립들도 모두 스페이스바를 이용하
여 간단하게 재생, 멈춤을 할 수 있다.

프리미어 프로 기본 편집하기

❖❖ 촬영한 영상 준비 ❖❖

촬영한 영상을 준비해 보자. 팬텀 3는 기체 하단 카메라 짐벌 부분에 마이크로 SD카드 슬롯이 있는데 그 마이크로 SD메모리에 실제 촬영된 영상이 저장되어 있다.

※ 영상 저장용 마이크로 SD카드 사양 보기

1080P의 FULL HD나 그 이상의 초고화질 4K촬영을 했는데 실제 SD메모리의 영상을 컴퓨터에서 재생하면 종종 끊어지거나 로드가 걸려 버벅임 현상, 화면 젤로(물결치는 현상) 등이 일어나는 것을 겪을 수 있다.

이러한 현상의 원인은 촬영하는 영상 포맷에 필요한 성능을 갖추지 못한 SD메모리 카드를 사용할 때 주로 나타난다.

고화질 영상 촬영일수록 메모리 카드의 빠른 데이터 입출력(쓰기, 읽기) 속도가 요구되는데 그 사양에 못 미치는 메모리 카드를 사용하면 불완전한 영상이 저장되거나 편집에 이용할 수 없는 수준의 영상이 저장되기도 한다. 애써 촬영한 영상에 문제없도록 자신이 촬영하고자 하는 영상 크기와 그것을 충분히 지원하는 SD메모리 카드인지 확인 후 구비하도록 하는 것이 좋다.

드론의 항공 촬영용 저장매체로
사용되는 마이크로 SD카드

	Mark	Minimum Serial Data	SD Bus Mode	Application
UHS Speed Class	U3	30MB/s	UHS-II UHS-I	4K2K Video Recording
	U1	10MB/s		Full HD Video Recording HD Still Image Continuous Shooting
Speed Class	CLASS 10	10MB/s	High Speed	
	CLASS 6	6MB/s	Normal Speed	HD and Full HD Video Recording
	CLASS 4	4MB/s		
	CLASS 2	2MB/s		Standard Video Recording

출처 : www.sdcard.org

※ 4K 촬영을 하려면 UHS-I의 급의 SD메모리가 필요하다.
아래는 DJI에서 사용을 추천하는 메모리 카드이다.

- sandisk extream 32GB UHS-3 V30 MicroSDHC
- sandisk extream 64GB UHS-3 V30 MicroSDXC
- Panasonic 32GB UHS-3 MicroSDHC
- Panasonic 64GB UHS-3 MicroSDXC
- Samsung Pro 32GB UHS-1 MicroSDHC
- Samsung Pro 64GB UHS-3 MicroSDXC
- Samsung Pro 128GB UHS-3 MicroSDXC

∷ 추가적인 영상 소스 및 사운드 소스 구하기 ∷

조종사가 직접 촬영한 영상 외에 보조적인 영상 소스나 사운드 소스가 필요하다. 이번에는 인터넷 사이트인 유튜브와 비메오(Vimeo)에서 영상 소스를 찾고 다운로드 하는 법을 알아보자.

- 유튜브 다운로더를 이용하여 유튜브에서 영상 다운 로드하기

유튜브에서는 사용하고자 하는 영상 소스를 발견하 면 유튜브 다운로더를 이용하여 간단하게 다운로드할 수 있다.

• 먼저 http://www.youtubedownloaderhd.com/ 접속 하여 자신의 OS(컴퓨터 운영체제)에 맞는 파일을 선 택하여 다운로드 한다(본지 별책 CD > '유틸리티 폴 더'에도 포함되어 있다).

• 다운받아 설치 후 실행한다.

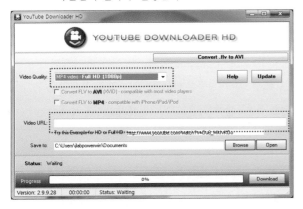

• 다운받을 영상의 비디오 퀄리티(Video Quality)를 설정한다.

유튜브 다운로더는 최대 FULL HD(1920X1080P)까 지만 다운로드할 수 있는데 이는 해당 영상이 설정한 해상도를 제공해야 한다. 제공하지 않는다면 자동으 로 그 아래 단계의 퀄리티로 다운로드된다.

• 유튜브에서 다운로드할 영상페이지를 열고 브라우 저 상단의 영상 위치 URL를 그대로 복사하여 유튜

브 다운로더의 Video URL에 붙여넣기한다.

Save to 에 다운로드 될 영상의 저장위치를 설정한 다음 'Download'를 클릭한다.

해당 영상이 지정한 위치에 다운로드된다.

- 비메오(Vimeo)에서 고화질 영상 소스 다운로드하기

vimeo

비메오는 영상 콘텐츠 공유사이트로 고화질 동영상이 많은 것으로 유명하다. 설정
에 따라 4K까지 지원하고 있어 많은 영상 제작자들이 사용하고 있는 동영상 공유 사
이트이다.

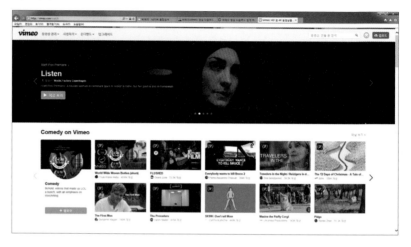

비메오의 영상 컨텐츠 중에는 자체적으로 다운로드를 할 수 있도록 한 것이 많다.
각 콘텐츠 제작자가 공유할 수 있도록 설정한 영상들은 타인들도 공유할 수 있어 다운
로드가 가능하다. 또한 영상 콘텐츠 설명부분에 '다운로드' 버튼이 보인다면 이 영상
은 다운로드가 가능한 것이다.

유튜브와 비메오의 영상을 다운로드하는 방법에는 이 외에도 여러 가지가 있으니
인터넷에서 알아보면 쉽게 알 수 있다.

04 프리미어로 영상 불러오기

촬영하거나 다운받은 영상클립을 프리미어로 불러와 프로젝트에 올리는 것을 임포트(Import)라고 한다. 임포트하는 방법에는 몇 가지가 있는데 다양한 미디어 클립들에 대한 임포트 방법을 알아보자.

◎ 참고 예제 영상 : CD - 예제 소스 - 예제 영상 - 해변도로.mp4

1 프리미어 메인 메뉴바의 File로 가져오기

프로젝트 생성 ⇨ 메뉴 File-Import ⇨ 열고자 하는 영상 찾아 열기 ⇨ Import 완료

ⓐ 프리미어를 실행하고 프로젝트를 만든다.

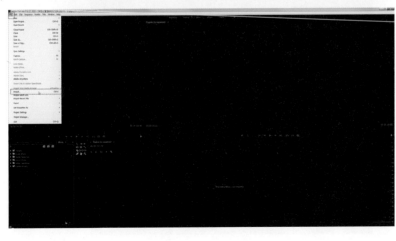

ⓑ 상단 메뉴 - File - Import

ⓒ 불러올 영상을 찾
   아가서 열기 클릭

ⓓ 프로젝트 패널에
   영상 소스가 올라
   가게 된다.

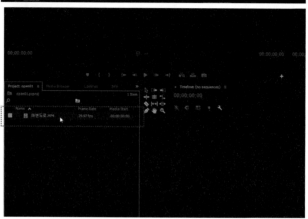

2

프로젝트 패널 더블 클릭으로 불러오기

프리미어 실행 ⇨ 프로젝트 패널
빈 공간 더블 클릭 ⇨ 영상을 찾아 열기

ⓐ 프리미어 실행 후
   프로젝트 패널의
   빈 공간을 더블 클
   릭한다.

ⓑ 영상을 찾아 열기 선택

ⓒ 프로젝트 패널에 해당
영상이 임포트 된다.

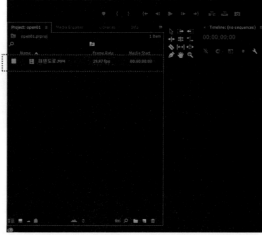

3 영상이 있는 폴더를 열어 드래그 앤 드롭으로 곧바로 불러오기

프리미어 실행 ⇨ 영상이 위치한
폴더를 열고 ⇨ 영상을 선택 후 그대로
프로젝트 패널로 드래그 앤 드롭

폴더에서 그대로
드래그 앤 드롭

※ 폴더에서 타임라인 패널로 드래그 앤 드롭하여 영상을 타임라인으로 바로 올릴 수도 있
다. 이때는 영상 소스 정보에 근거하여 시퀀스까지 생성된다. 폴더에서 프로젝트 패널로
드래그해서 열면 영상만 임포트 되고 시퀀스는 생성되지 않는다.

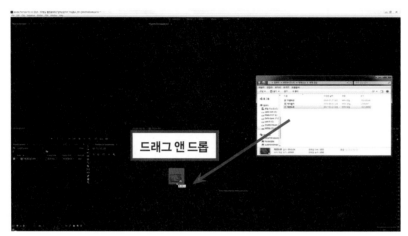

폴더에서 드래그 앤 드롭하여 타임라인으로 바로 불러올 수도 있다.

타임라인으로 바로 불러 올 때는 불러온 영상 정보(프레임 사이즈, 프레임 수, 오디오 정보 등)를 근거하여
자동으로 영상 소스와 시퀀스까지 생성되지만 프로젝트 패널로 드래그 앤 드롭 할 경우는 시퀀스는 생성되지
않고 영상 소스만 임포트 된다.

※ 같은 영상 소스들이고 최종 출력물 설정도 영상 소스와 동일하게 할 것이라면 드래그 앤 드롭을 이용
하여 바로 타임라인으로 불러와서 작업해도 된다.

프리미어 기본 도구 기능 소개

∷ 기본 TOOL(도구) 박스 기능 알기 ∷

타임라인에서 편집을 하게 되면 가장 많이 사용되는 것이 TOOL(도구) 박스다. 영상 클립을 자르고 줄이기도 하며 이동, 선택 등을 직관적으로 할 수 있다. 기본 툴의 사용법을 알아본다. ◎ CD 예제 : CD - 예제 소스 ~ PROJECT ~ 케이블카_편집툴.prproj

① 선택 툴(Selection Tool), 단축키 V

타임라인 내의 각종 소스 클립을 개별 선택할 때 사용하며 클립의 길이를 줄이고 늘이며, 이동할 때 사용한다.

② 트랙 셀렉트 포워드 툴(Track Select Foward Tool)

타임라인 내의 선택한 클립을 기준으로 뒤쪽 클립들이 모두 선택된다. 마우스 커서를 타임라인 안으로 가져가면 로 커서모양이 바뀐다.

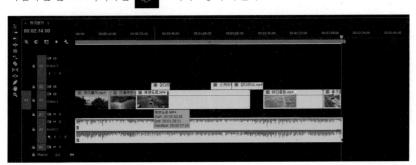

③ 트랙 셀렉트 백워드 툴(Track Select Backward Tool)

타임라인 내의 선택한 클립 기준으로 앞쪽으로 클립들 모두 신댁힌디. 마우 스 커서를 타임라인 안으로 가져가면 로 바뀐다.

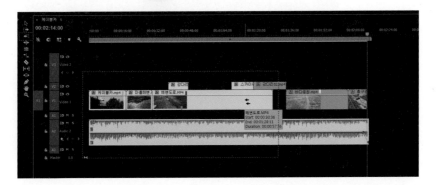

④ 리플 에디트 툴(Ripple Edit Tool)

타임라인 내의 클립의 길이를 줄이거나 연장할 때 다음 클립과의 빈 공간이 생기지 않게 클립 길이를 조절해준다. 일반 선택 툴로 클립 길이를 줄이면 줄인 만큼 빈 공간이 남아 뒤의 클립을 다시 끌어와 붙여줘야 하는데 리플 에디트 툴을 사용하면 빈

공간을 채우기 위해 자동으로 뒤의 클립들을 끌어와 붙여 준다. 인접한 클립에는 아무런 영향은 주지 않는다.

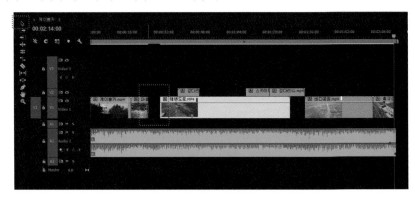

그냥 선택 툴로 클립을 줄이면 줄여진 만큼 빈 공간이 남는다. 이때 화면에는 까만 화면만 나오게 된다.

리플 에디트 툴로 길이를 줄여주면 자동으로 뒤의 클립이 따라와 붙으며 채워져 빈 공간이 없게 한다.

⑤ 롤링 에디트 툴(Rolling Edit Tool)

클립의 길이를 자유롭게 조절할 수 있지만 인접 클립에 영향을 주기 때문에 재생 시간에는 변동이 없다.

※ 리플 에디트 툴은 인접 클립에 영향을 주지 않으므로 재생 시간에 변경이 생기지만 롤링 에디트 툴은 조절한

만큼 인접 클립을 덮어쓰거나 줄여버리므로 전체 재생 시간에는 변경이 없는 것이다.

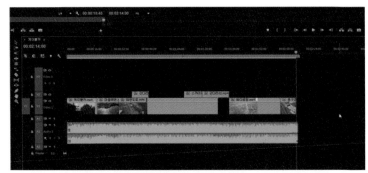

영상 트랙의 영상 총 길이는 2분 15초의 타임라인이다.

타임라인에 있는 마을 해변 소스 클립과 해변도로 클립이 붙어 있는 부분을 롤링 에디트 툴로 마을 해변 클립을 3초 정도 앞으로 끌어 줄여 보자.

마을 해변 클립은 약 3초정도 줄고 해변 도로는 3초 정도 증가되면서 전체 영상 재생 길이는 2분 15초로 변함이 없다. 롤링 에디 툴은 조정하고자 하는 클립과 인접한 클립들이 모두 조정하는 길이만큼 여유가 있어야 한다.

2번 트랙의 스카이워크 클립 앞부분을 잡고 길이를 앞으로 늘려주면

⑥ 레이트 스트레치 툴(Rate Strech Tool)

레이트 스트레치 툴은 영상 클립 크기를 줄이면 재생 시간을 빠르게 하고 크기를 늘리면 그만큼 재생시간을 느리게 해 슬로우 모션 효과를 줄 수 있다. 재생 시간 조절을 클립의 길이로 바로 조정해 주는 것이다.

스카이워크 영상이 느리게 재생된다. 클립명 옆의
33.83%는 정상속도 100%에서 33.83%로 재생 속도가
느려졌다는 것을 보여준다.

⑦ 레이져 툴(Razor Tool) 단축키 : C

타임라인 내의 클립들을 잘라주는 기능이다. SHIFT
키를 누르며 자르면 다른 트랙의 같은 위치에 있는 부분
을 함께 잘라준다.

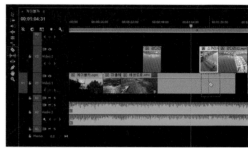

마우스 커서를 자르고자하는 위치에
가서 마우스 왼쪽 클릭하면 해당 클
립이 부분으로 잘려진다.

SHIFT를 누른 채 자르면 다른 트랙
소스의 같은 위치를 기준으로 같이
잘라준다.

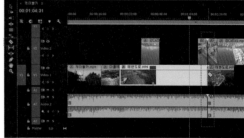

⑧ 슬립 툴(Slip Tool)

선택한 클립의 인점, 아웃점을 조절한다. 인접한 클립
에는 아무런 영향을 주지 않는다.

⑨ 슬라이드 툴(Slide Tool)

선택한 클립의 인점, 아웃점을 조절하는데 인접한 클
립에 영향을 준다.

⑩ 펜 툴(Pen Tool)

트랙의 비디오 클립들의 투명도와 오디오 클립들 볼
륨 크기 등의 핸들을 조정한다.

⑪ 핸드 툴(Hand Tool)

타임라인 패널의 화면 전체
를 스크롤하거나 오른쪽, 왼쪽
을 조절하며 타임라인 패널을
모니터할 수 있게 한다.

⑫ 줌 툴(Zooom Tool)

마우스 커서 위치를 기준으
로 타임라인 작업영역을 확대
하거나 축소한다. 클릭하면 마우스커서가 ⊕ 로 확대되고 Alt를 누르면 ⊖ 로 바뀌면서 축소시킬 수 있다.

영상 편집의 기본동작 선택하기, 자르기, 붙이기, 이동하기

선택하기, 자르기, 붙이기, 이동하기, 줄이기(트림)는 영상 편집 시 가장 많이 사용되는 동작들이므로 사용법을
숙지하고 도구 툴과 마우스 커서로 각각의 방법을 알아둔다.

소스 클립 선택하기 _ 단축키 :

해당 클립 위에 마우스 커서를 위치시키고 왼쪽 클릭
하면 선택된다.

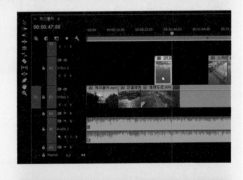

추가로 여러 클립을 선택하려면 Shift + 클릭

선택 해제는 타임라인 내의 빈 공간에 클릭

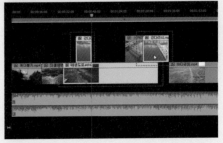

자르기를 할 위치에 마우스 커서를 대고 단축키 C 하면 커서가 면
도날 모양으로 바뀐다. 자를 위치에 대고 마우스 왼쪽 클릭하면 클립이
두 부분으로 나누어진다.

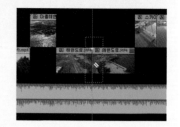

소스 클립을 자르거나 이동, 붙이기 등을 할 때 마우스로 드래그해서 정확하게 붙지 않으면 그 부분은 영상
에서 검은 화면으로 그대로 출력된다. 이를 방지하기 위해 스냅 기능이 있으니 작업 중에는 반드시 스냅 기능
을 활성화시켜놓고 작
업한다.

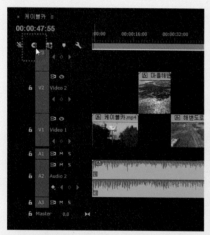

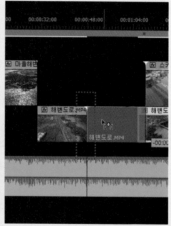

스냅기능을 활성화한다.

클립이 빈틈없이 붙게 되면 클립의 상단 에 ◣ 노양이 생
긴다. 양쪽 두 클립이 잘 붙어 있다면 ▽ 모양이 표시된다.

스탭 기능을 이용하여 소스 클립 등에 정확히 붙여 준다.

정확하게 붙으면 클립 상단에 ▽ 표시가 나타난다.

ⓐ 마우스 커서로 선택 후 드래그 앤 드롭하여 이동한다.

ⓑ 미세하게 1 Frame씩 이동시킬 때는 Alt + ←, → 하면 1 프레임씩 이동시킬 수 있다.

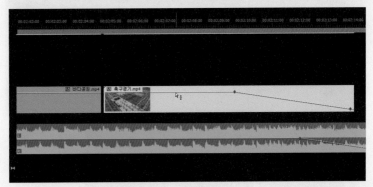

※ Alt 를 누르지 않고 ←, → 만 입력하면 타임라인의 타임마커를 1 프레임씩 움직일 수 있다.

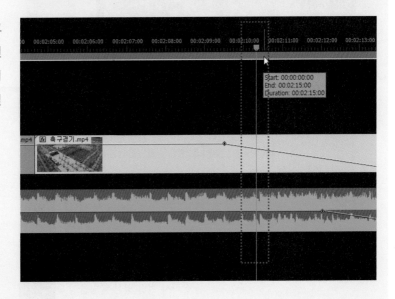

∷ 영상 클립 사이 빈 공간을 없애는 Ripple Delete 기능 사용하기 ∷

● CD 예제 : CD – 예제 소스 – PROJECT – ripple delete.prproj

타임라인에서 여러 개의 영상클립을 자르다 보면 빈 공백이 생긴다. 일일이 클립을 선택하고 이동시켜 공백을 없애려면 시간도 많이 소모되고 능률도 적다. 이때 Ripple Delete를 사용하면 자동으로 뒤의 클립이 끌어와 붙으면서 빈 공간을 채워준다. 여러 개의 클립을 연결할 때 사용하면 좋다.

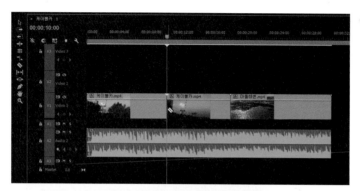

ⓐ 타임마커를 10초 위치로 이동한다.

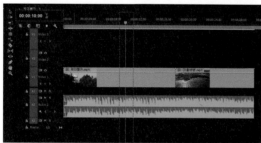

※ 타임마커를 정확한 위치로 이동하는 방법은 타임라인 패널 왼쪽 상단의 타임 코드를 이용하는 것이다. 원하는 시간대를 입력 후 Enter 를 누르면 타임마커가 정확히 지정한 시간대의 프레임 위치로 이동된다.

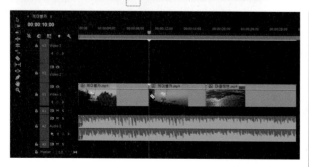

ⓑ Razor tool을 이용해 케이블카.mp4 클립을 잘라준다.

잘라서 버릴 영상 클립을 선택한 후 마우스 오른쪽 버튼 메뉴-Ripple Delete를 선택한다.

잘려져 나간 부분 뒤의 영상 클립이 자동으로 옮겨와 붙으며 빈 공간을 채워준다.

여러 개의 영상 멀티트랙에서 편집하기

◉ CD 예제 : CD – 예제 소스 – PROJECT – multi track.prproj

여러 개의 클립을 2개 이상의 트랙에서 적절히 배치하여 편집한다. 트랙 순서로 영상이 표출되기 때문에 트랙 순위를 이용하여 영상 표출 여부를 정할 수 있다.

비디오 트랙 V1~V4까지 4개의 트랙을 이용하여 배치되어 있다.
※ 비디오 트랙 패널에서는 트랙들마다 보다 위쪽에 있는 트랙이 우선으로 화면에 보인다.

위 타임라인에 따르면 10초~16초까지는 마을해변.mp4의 영상이 표출되고 16초~21초까지는 바다공원.mp4영상이 표출되며 21초~28.48초까지는 강다리01.mp4 영상만이 표출되는 것이다. 이 순서에 따른 영상 표출 관계를 알면 자르기 툴과 병행하며 다양한 영상 표출 효과를 만들 수 있다.

※ 여러 가지 클립을 같은 위치에서 한꺼번에 자를 수 있다.

영상을 자를 때 Shift + 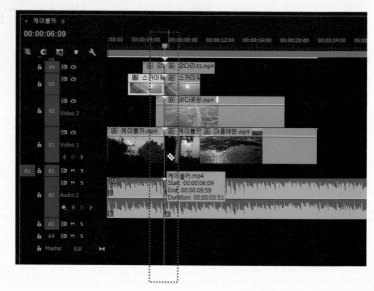 (Razor Tool)를 하면 모든 트랙의 클립을 같은 위치에서 자를 수 있다.

각 트랙의 소스에 대해 동일한 위치에서 다 같이 한 번에 자를 수 있다.

영상 클립 이동, Position(위치) 제어하기

◉ CD 예제 : CD - 예제 소스 - PROJECT - position.prproj

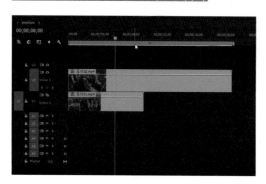

영상 중에 종종 왼쪽에서 오른쪽으로 흐르거나 한 쪽 방향에 치우쳐져 있어 한 화면에 두 개의 영상이 표출되는 것을 보았을 것이다. 따라서 이번에는 실제 모니터에서 표출되는 영상 클립을 화면에서 이동하는 방법을 알아보겠다. 이 방법으로 나중에 나올 키 프레임에도 적용하여 일정한 방향으로 움직이게 할 수 있다.

V2 트랙에는 도시02.mp4 클립을, V1 트랙에는 도시01.mp4 클립이 있다. 프로그램 모니터에서는 V2 트랙의 영상 클립이 재생된다.

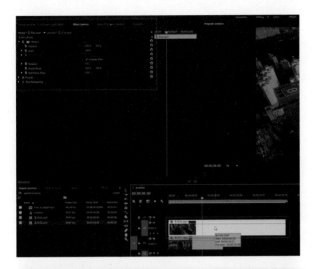

도시02.mp4를 선택하고 소스 모니터 패널의
Effect Controls 패널을 활성화한다.

Effect Controls의 Motion - Position으로 가서
현 위치의 값을 확인한다.

Position의 960값을 1920으로 변경한다.

도시02.mp4 영상 클립이 오른쪽으로 화면 반
만큼 이동되었다.

재생을 하면 프로그램 모니터에 두 개의 영상이
나란히 재생된다.

프로그램 모니터 영상을 마우스로 더블 클릭 해보면 아래와 같이 영상 클립의 위치와 크기를 알 수 있게 포인트가 활성화 된다.

영상 클립 중앙에는 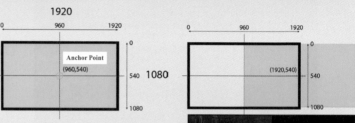 의 ⊕ 중심 포인트(앵커 포인트, Anchor Point)가 표시되는데 이것이 클립의 위치를 결정하는 기준점이 된다. 이 기준점의 좌표는 Position에서 변경시킬 수 있다. 현재 이 프로젝트 시퀀스의 영상 설정 크기가 가로 1920×1080이기 때문에 영상 클립의 앵커 포인트 위치는 가로 1920의 절반인 960이고 세로는 1080의 절반인 540으로 표기되어 있는 것이다. 영상 화면에서의 좌표위치는 아래와 같다. 영상크기가 가로 1920, 세로 1080일 때 화면 중심(앵커 포인트)의 위치 좌표는 (X 960, Y 540) 이다. 앵커 포인트는 가로 X값, 세로 Y값으로 제어된다.

X값은 화면 왼쪽이 0이며 오른쪽으로 갈수록 화면 최대 크기가 되고
Y값은 화면 오른쪽 상단이 0이며 아래로 갈수록 화면 최댓값으로 증가된다.

영상 클립을 오른쪽으로 절반 정도 옮기려면 앵커 포인트 좌표는 (1920,540)이 된다.

다른 이동 예시

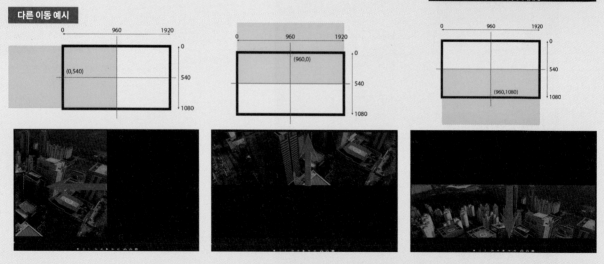

좌표 값을 직접 입력하여 이동할 수 있지만 정확한 좌표 값대로 이동할 필요가 없을 때에는 간단히 Position에서 마우스로 좌, 우, 위, 아래 방향 등으로 드래그 하여 임의로 범위로 조절할 수 있다.

Position의 X, Y값 근처로 마우스를 가져가면 마우스 커서가 양쪽 화살표가 있는 손 모양으로 바뀐다. 이때 해당 값을 좌우, 상하로 드래그하면 수치가 변경되면서 영상클립을 이동시킬 수 있다.

화면에서 영상 크기를 조절, Scale(크기) 제어하기

화면의 영상 크기를 조절할 수 있다. 기준 값은 100이며 값을 50으로 하면 반으로 작아지고 200으로 하면 2배로 커지게 된다. Scale과 앞서 배운 Position을 이용해서 아래와 같은 영상을 만들어 보자.

왼쪽 위쪽엔 '도시01.mp4' 클립이 그 아래쪽엔 '행인들.mp4' 클립이 있고 오른쪽엔 '도시02.mp4' 클립 1개의 영상으로 구성되어 있다. 우선 연습 삼아 Scale을 한번 조정해보자.

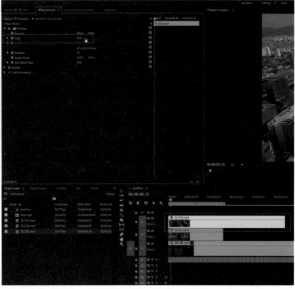

V3 트랙에 있는 '도시02.mp4' 클립을 선택한 후 프로젝트 패널 옆 Effect Controls 패널 – Motion – Scale 의 값을 50으로 설정한다.

'도시02.mp4' 클립이 50% 작아진다.

반대로 Sclae의 값을 200으로 설정한다.

'도시02.mp4' 클립이 200% 커져 화면전체를 꽉 채우며 영상에서 보이는 화각이 좁아지며 건물들이 크게 확대되어 보인다.

이제 아래와 같이 화면을 구성해 보자.

ⓐ 도시02.mp4 영상 클립을 아래와 같이 설정한다.
position : X 1920, Y 540 Scale : 100

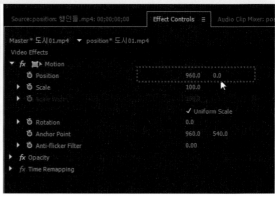

도시02.mp4 영상 클립을 오른쪽으로 이동시킨다.

ⓑ 타임라인의 도시01.mp4 영상 클립을 선택한 후 Effect Controls 패널의 Motion 부분을 아래와 같이 설정한다.
position : X 960, Y 0 Scale : 100

위와 같이 도시01.mp4 영상 클립을 위쪽으로 이동한다.

ⓒ 타임라인의 행인들.mp4 영상 클립을 선택한 후 Effect Controls 패널의 Motion부분을 아래와 같이 설정한다.
position : X 600, Y 900 Scale : 70

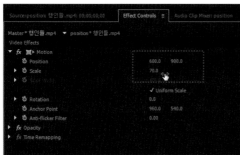

세 개의 영상 클립이 배치되었고 행인mp4는 화면이 70%로 축소되어 왼쪽 하단에 자리 잡았다.

프로그램 모니터의 영상을 재생시켜 보면 3개의 영상이 각자의 내용을 가지고 함께 재생된다.

트림 기능으로 영상 재생 길이 조정하기

타임라인의 클립들을 레이저 툴로 자를 수
도 있지만 트림(Trim)기능만으로도 재생 길이
를 간편하게 줄이거나 더 확보할 수 있다.

Trim 기능.prproj를 열면 강변의 공원 영상
이 나오는데 일부의 영상들이 다소 긴 부분이
있어 불필요한 부분을 트림(Trim)기능으로 조
정해본다.

트림(Trim, ◀) 기능은 영상 클립의 앞쪽, 또
는 뒤쪽 부분에 마우스를 이용하여 영상 클립
의 길이를 조정하는 것이다.

ⓐ 타임라인의 클립 중 trim01.mp4가 다소 길
어 앞 뒤쪽을 트림을 이용하여 잘라보자. 우
선 타임라인의 타임코드 부분에 00:00:22:00
라고 입력 후 Enter하여 타임마커를 22초 위
치로 이동시킨 후 trim01.mp4 클립의 앞쪽
에 마우스 커서를 가져가면 마우스 커서가
자동으로 바뀌며 트림 기능이 활성화된다.

ⓑ 그대로 마우스를 드래그하여 타임마커가 있는 곳까
지 트림 ▶ 커서를 이동시킨다(이때 스냅기능이 활
성화되어 있어야 정확하게 타임마커까지 움직일 수
있다).

ⓒ 타임마커가 있는 곳까지 trim01.mp4 클립이 줄어들
었다. 영상이 실제 잘린 것이 아니라 재생되는 구역을
조정한 것뿐이고 마우스 커서를 반대로 드래그 하면
영상을 다시 나타나게 할 수 있다.

ⓓ 타임코드에 00;00;37;00라고 입력 후 Enter
하여 타임마커를 37초 자리에 위치시킨다.

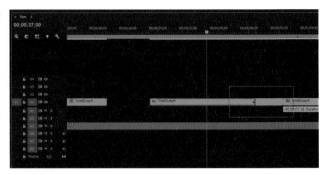

ⓔ trim01.mp4 뒤쪽으로 마우스 커서를 가져
가면 자동으로 ◀ 으로 바뀐다. 커서를 왼
쪽으로 타임마커 있는 곳(37초)까지 드래
그하여 영상 길이를 줄여준다.

trim01.mp4 영상 클립 소스가
앞쪽과 뒤쪽 모두 트림되어 재
생 길이가 줄어들었다.

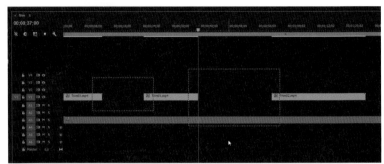

trim01.mp4 클립과 trim02.
mp4 클립을 모두 앞쪽으로 끌
어와서 trim03.mp4 클립 뒤에
자리 잡게 하고 Space 를 눌
러 재생해 본다.

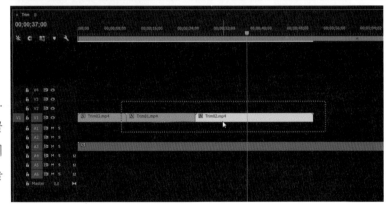

이렇듯 Trim 기능은 영상의 재생구역을
조절하는 것으로 레이저 툴을 분할하는 것
과는 다소 다르다. 또한 트림   영상 클립뿐만 아니라 타임라인 내 모든 클립의 재생구역을 편집하는 데 사용될 수 있다.
으로 줄인 영상 소스는 다시
트림으로 원래 길이 내에서
자유롭게 조절할 수가 있다.
영상 소스뿐만 아니라 타임
라인의 영상 클립, 사운드 클
립, 이미지 클립, 자막(Title)
까지 모두 사용된다.

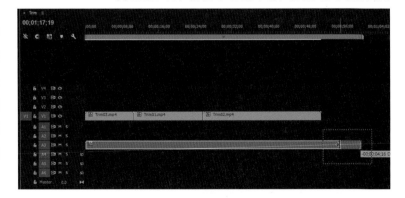

불투명도(Opacity)를 조절해보기

영상이나 이미지, 자막 소스에 불투명도를 줄 수 있다. 불투명도를 조절하여 화면이나 이미지, 글자 등이 서서히 나타나거나 또는 사라지게 할 수도 있으며 두 개의 영상이 서로 희미하게 보이는 효과를 만들 수 있다.

◉ CD 예제 : CD – 예제 소스 – PROJECT –opacity.prproj

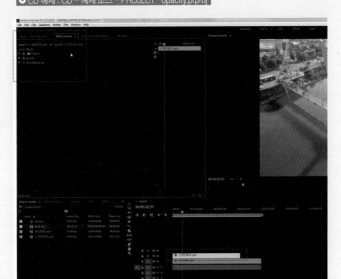

ⓐ 타임라인의 스카이워크.mp4 클립을 선택 후 Effect Controls 패널을 선택한다.

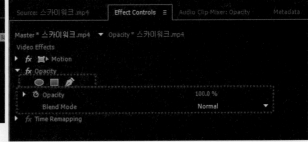

ⓑ fx Opacity를 선택하면 ◯ ■ ✎ 의 마스크 제어 아이콘이 있고 그 아래 Opacity 값, 합성 모드를 선택할 수 있는 메뉴들이 있다.

ⓒ Opacity의 값은 지금의 절반인 50%로 변경한다.

Opacity : 100%

Opacity : 50%

불투명도를 낮추면 그만큼 영상 클립이 투명해져 하위 영상이 함께 표출되게 된다.

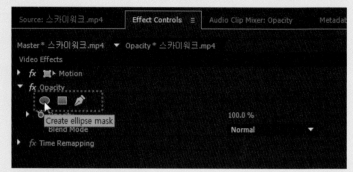
마스크는 다른 그래픽 편집 프로그램이
나 기타 영상, 이미지 편집 프로그램들
에서 많이 사용되는 기능 중에 하나다.
원형이나 사각형 등 특정한 형태를 만들
어 마스킹을 하면 해당 영역에만 효과가
적용되거나 표출되게 할 수 있다. 마스크
기법은 편집 시 다양하게 이용되므로 기
본 사용법을 알아본다.

fx Opacity 마스크엔 3가지 제작 타입이 있다.
원형이나 곡선을 만드는 Create ellipse mask, Create 4-point mask, Free draw bezier가 있
다. 이중 Create ellipse mask를 클릭한다.

- Mask Path(마스크 패스) : 프로그램 패널에서 마스크에 키프레임을 만들거나 트래킹 시 사용한다.
- Mask Feather(마스크 패더) : 마스크 경계의 부드러움 정도를 설정한다.

Mask Feather 10

Mask Feather 80

- Mask Opacity(마스크 오파시티) : 마스크 불투명도를 조절한다.

Mask Opacity 50

Mask Opacity 100

- Mask Expansion(마스크 익스펜션) : 마스크가 보이는 영역의 범위를 설정한다. 0이면 마스크의 크기와 같고 값이 커질수록 마스크 경계보다 많은 영역이 보이게 된다.

Mask Expansion 0

Mask Expansion 400

- Inverted(인버티드) : 마스크 보이는 부분을 반전시킨다.

다양한 미디어 영상들은 영상 클립으로만 이루어지지 않고 삽화, 사진 이미지, 로고, 일러스트 등 스틸 이미지 소스를 첨가하여 만들어진다. 미디어의 메시지 전달력을 높이고 감동을 극대화시키기 위해 다양한 미디어 소스를 함께 사용하는 것이다.

이번에는 사진 이미지와 로고 이미지를 영상 클립에 넣어보자.

◉ CD 예제 : CD - 예제 소스 - PROJECT -photo.prproj

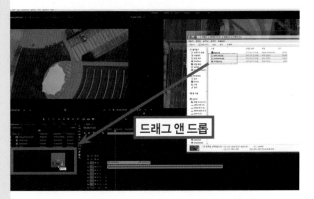
드래그 앤 드롭

ⓐ photo.prproj 파일을 열고 CD-예제 소스-이미지 소스 폴더에서 Park_way.jpg와 parkstones.jpg, 액자틀.png 파일을 드래그 앤 드롭을 이용하여 프로젝트 패널로 불러온다.

드래그 앤 드롭

ⓑ 같은 폴더에서 logo.psd 파일을 드래그 앤 드롭으로 프로젝트 패널로 불러온다.

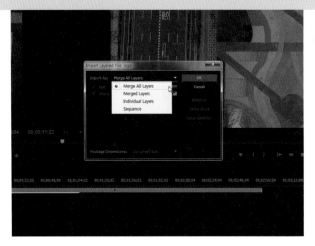

ⓒ 포토샵 레이어 파일을 불러오면 Import
Layered File이란 대화상자가 뜨면서 불러
올 때의 레이어 설정을 묻는다. 우리는 일
단 하나의 스틸 이미지로 사용해야 하므로
Merge All Layers를 선택하고 OK를 클릭
한다.

※ 레이어가 구분되어 있는 이미지(포토샵 데이터 등)
를 불러올 때 옵션 설정

• Merge All Layers : 내포된 모든 레이어를 하나로
합친 후 임포트 한다.
• Merged Layers : 불러오기창에서 체크한 레이어
만 합친 후 임포트 한다.
• Individual Layers : 레이어들을 합치지 않고 각 개
별 이미지들로 임포트 한다.
• Sequence : 레이어별 이미지와 같이 시퀀스도 함
께 생성한다.

필요한 파일들은 다 불러왔다.

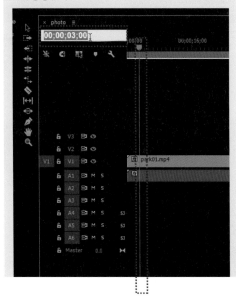

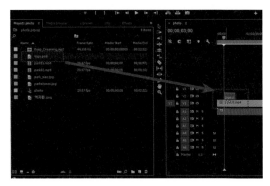

ⓓ 타임라인의 타임코드 입력칸에 00;00;03;00을 입력
하여 타임마커를 3초 위치로 이동시킨다.

ⓔ 프로젝트 패널의 Logo.psd를 타임라인 타임마커 위
치로 드래그 앤 드롭 하여 집어 넣는다.

ⓕ 로고를 타임라인에 넣으면 기본적으로 5초 동안만 재생하는 것으로 되어있다(이것은 프리미어 CC 상단의 메뉴 중에 Edit - Preference - General-Still Image Default Duration에서 사전에 변경할 수 있다). 우리는 재생시간을 10초로 할 것이기 때문에 타임라인의 logo.psd 클립을 선택 후 마우스 오른쪽 버튼을 클릭하여 부가메뉴 중 Speed/Duration을 클릭하여 10초로 늘려준다.

3초부터 13초까지 로고가 화면 정중앙에 표출된다.

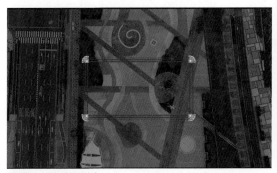

ⓖ 프로젝트 패널의 액자들.png를 타임라인 V3 트랙에 Logo.psd 클립의 끝 지점에 위치시킨다.

ⓗ 액자들.png 이미지 클립을 트림 Trim을 이용하여 park01과 park02를 합친 만큼 마우스를 이용해 드래그해서 재생 길이를 늘려 준다.

액자가 영상 중앙에 들어갔다.

액자들.png 선택 후 소스 패널의 Effect Controls – Scale 부분에 130을 입력한다.

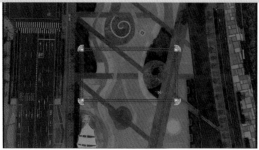
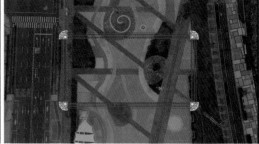

액자틀이 커졌다.

ⓘ 타임라인의 타임코드 설정란에 00;00;15;00 입력하여 타임마커를 15초 위치로 이동시킨다.

ⓙ 프로젝트 패널에서 park_way.jpg 이미지를 타임라인 V2 트랙의 타임마커가 있는 자리에 위치 시킨 후 Speed/Duration을 10초로 늘려 준다.

▼

ⓚ 프로젝트 패널의 Parkstones.jpg를 타임라인의 Park_way.jpg 바로 뒤에 드래그 앤 드롭으로 위치시키고 Speed/Duration 10초를 입력하여 재생시간을 10초로 늘려준다.

ⓛ 사진 이미지를 액자틀 크기에 맞춰야 하므로 타임라인의 Park_way.jpg와 Parkstones.jpg의 Scale을 Effect Controls 패널에서 둘 다 120으로 조금 확대시킨다.

▼

▼

타임라인에서 Space 로 재생시켜 보면 영상을 배경으로 중앙 액자 안에 이미지 2개가 플레이된다. 액자틀 안에 다른 영상을 배치시켜 넣어도 된다.

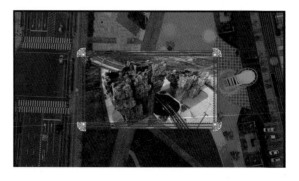

영상에 움직임(애니메이션) 효과를 적용하기, 키프레임(Keyframe)

◉ CD 예제 : CD - 예제 소스 - PROJECT - keyframe.prproj

　미디어 작품들에 대부분 쓰이는 애니메이션 효과이다. 영상 클립을 화면에서 움직이게 하거나 영상 크기를 시간에 따라 변화를 주거나 불투명도(Opacity)를 시간차별로 조정하여 재미있고 인상적인 영상을 만들 수 있는 것이다. 이것을 조절하는 것이 키프레임(Keyframe)이다. 키프레임은 클립들의 크기, 위치, 회전, 불투명도 등의 속성에 변화를 주어 영상 보는 재미를 극대화하고 스토리 전달에 도움을 준다. 영상 편집의 필수로 쓰이는 키프레임의 기본 사용법을 알아보고 활용해본다.

ⓐ 불투명도(Opacity) 변화주기

타임라인의 V2 트랙 헤더 빈 공간에 마우스 커서를 위치시킨 후 (클릭할 필요는 없다) 마우스 휠을 위쪽으로 스크롤 하면 트랙이 커지면서 영상 클립 소스를 확대해서 볼 수 있다.

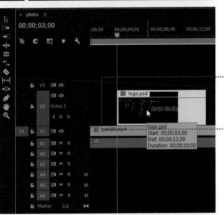

① 타임라인의 Logo.psd 클립을 한번 선택 후

Effect Controls 패널 - fx opacity - 🕒 클릭 - 오른쪽 Opacity 값을 0으로 설정한다.

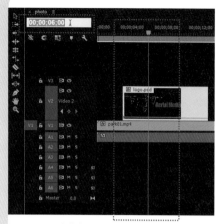

② 이번에는 타임코드 입력창에 00;00;06;00 입력하여 타임마커를 6초 위치로 이동한다.

③ Effect Controls 패널 - fx opacity - 오른쪽 Opacity 값을 100으로 설정한다.

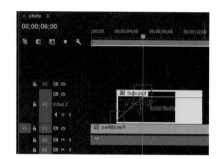

④ logo.psd 클립 3초에 Opacity가 0인 키프레임이, 6초에 Opacity가 100인 키프레임이 생성되었다. 이는 3초부터 logo.psd 로고 이미지가 서서히 보이면서 6초에 완전히 다 보이는 것으로 연출된 것이다.

⑤ logo.psd 클립 뒤쪽을 Trim 기능을 이용하여 뒤쪽 park_way 클립까지 연장한다.

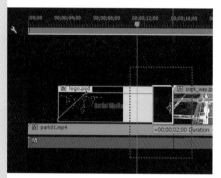

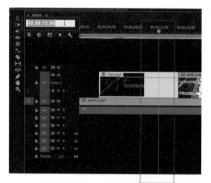

⑥ 타임코드입력창에 00;00;12;00 입력하여 타임마커를 12초 위치로 이동한다.

⑦ Effect Controls의 Opacity에서 다른 것은 그대로 두고 키프레임만 한번 클릭하여 생성한다. 100%의 Opacity를 유지하다가 값이 변하는 기준점에 새로운 키프레임을 생성해줘야 한다.

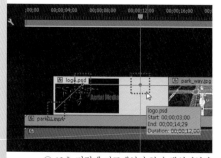

⑧ 12초 지점에 키프레임이 하나 생성되었다.

⑨ 타임마커를 15초 지점으로 이동시킨 후 Opacity를 0으로 입력한다.

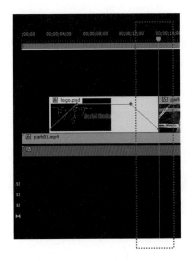

logo.psd 클립 마지막에 Opacity 값이 0인 키프레임이 생성되었다.
이제 logo.psd 클립은 3초부터 서서히 나타나다가 6초에 완전히(100%)
보이게 되고 12초부터 서서히 사라지다 15초에 완전히 사라지게 된다.

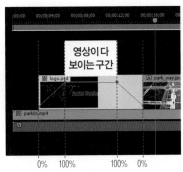

Opacity 변화

0%   100%   100%   0%

ⓑ 스케일(Scale) 변화주기

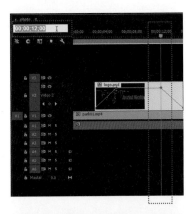

◀ ① 타임마커를 12초로 이동시킨 후 Effect
Controls - Scale 의 ⏱ 를 클릭하여
키프레임을 생성한다.

▲ ② Scale 100을 유지한 채 키프레
임을 생성했다.

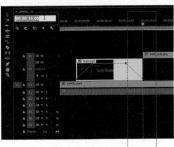

◀ ③ 타임마커를 15초로 이
동시킨다.

▲ ④ Effect Controls의 Scale 값을 80으로 입력한
다. 이것은 15초에 다를 때 원래 그기 100%
에서 80%로 크기를 축소하겠다는 것이다.

타임라인에서 Space 로 재생시켜 본
다. logo.psd 클립이 3초부터 서서히 보
이다가 6초에서 완전히 보이고 12초부
터 크기가 작아지면서 사라지다가 15
초에 완전히 사라지게 연출되었다.

ⓒ 위치(Position) 변화주기

이제 logo.psd 클립을 Opacity와 Scale 키프레임이 적용된 상태에서 위치를 이동시켜 볼 것이다. 이 역시 키프레임을 운영하여 연출한다.

① 타임마커를 3초 지점으로 이동시킨다.

② Effect Controls - Position 🕐 한번 클릭해주고 Position 값을 600으로 설정한다(이는 현재 정중앙 위치 가로 960에서 600으로 하여 360만큼 가로를 기준, 왼쪽으로 이동시키는 것이다).

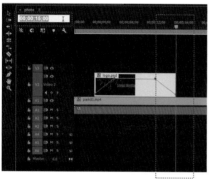

③ logo.psd 클립 종료 지점인 15초 지점으로 타임마커를 이동시킨다.

④ Effect Controls - Position 값을 960으로 설정한다.

타임라인에서 Space 로 플레이 해본다. 배경에는 공원 영상이 나오고 Logo 이미지는 왼쪽에서 오른쪽으로 천천히 이동하며 서서히 나타나다가 12초 지점부터 크기가 작아지면서 서서히 사라지게 연출되었다.

🔘 완성 영상 샘플 : CD – 완성 영상 샘플 폴더 – 6장 Keyframe.mp4

밋밋한 영상을 더 재미있게 만드는 트랜지션(Transition) 효과 적용하기

◎ CD 예제 : CD - 예제 소스 - PROJECT - Transition.prproj

장면과 장면이나 영상의 신(Scene)과 신(Scene)이 바뀔 때 다양한 전환 효과를 볼 수 있는데 이는 모두 트랜지션(Transition) 효과를 사용하는 것이다. 앞서 배운 불투명도(Opacity)를 이용하여 전환효과를 주기도 한다. 영상에서 스토리 전개에 장면을 부드럽게 이어주는 트랜지션 효과를 알아보자.

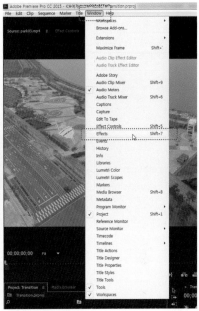

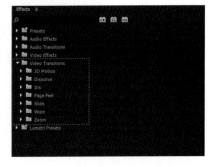

프리미어 CC에서는 사전에 다양한 트랜지션 효과를 가지고 있는데 이는 Effect 패널에 위치하고 있다.

만약 이 패널이 안보일 경우 Window - Effect 선택하면 불러낼 수 있다.

⁘ 트랜지션 프리셋 알아보기 ⁘

우선 프리미어에서 제공하고 있는 비디오 트랜지션 몇 가지를 알아보자. Effects 패널의 Video Transition (▶ ■ Video Transitions)을 클릭하여 서브리스트를 펼쳐 본다.

ⓐ 3D motion

Cube Spin : 정육면체가 회전하며 장면이 전환된다.

Flip Over : 180° 회전하며 장면이 전환된다.

ⓑ **Dissolve**

Additive Dissolve : 두 영상의 밝은 부분이 더 밝게 겹치며 장면이 전환된다.

Cross Dissolve : 많이 쓰이는 트랜지션 중 하나로 두 영상의 투명도가 서로 변하면서 장면이 전환된다.

Dip to Black : 화면이 어두워졌다가 밝아지면서 장면이 전환된다.

Dip to White : 화면이 밝아졌다가 어두워지면서 장면이 전환된다.

Film Dissolve : 필름이 교차하는 것처럼 장면이 전환된다.
Morph Cut : 영상 클립 일부분을 잘라내었을 때 남은 앞, 뒤 클립을 단순하게 끌어와서 붙이면 영상이 튀는 경우가 있는데 이를 최대한 자연스럽게 연결해주는 트랜지션이다. 주로 인터뷰 등과 같이 배경과 피사체가 확실히 구분되는 영상 클립에 사용된다.

Non-Additive Dissolve : 불규칙한 디졸브 효과로 장면이 전환된다.

ⓒ **Iris**

원, 사각형 등의 다양한 형태로 장면을 전환한다.

ⓓ **Page Peel**

종이 페이지가 말리거나 걷혀지듯 종이를 넘기는 것 같은 장면을 전환한다.

Iris Box : 뒤에 나오는 장면이 사각형 형태로 나타나는 장면 전환이다.

Iris Cross : 뒤에 나오는 장면이 십자 형태로 나타나는 장면 전환이다.

Iris Diamond : 뒤에 나오는 장면이 다이아몬드(마름모) 모양으로 나타나는 장면 전환이다.

Iris Diamond : 뒤에 나오는 장면이 다이아몬드(마름모) 모양으로 나타나는 장면 전환이다.

Iris Round : 뒤에 나오는 장면이 원 형태로 나타나는 장면 전환이다.

Iris Round : 뒤에 나오는 장면이 원 형태로 나타나는 장면 전환이다.

ⓔ **Slide**

슬라이드 같이
장면이 전환된다.

Band Slide : 화면 좌우
측에서 슬라이드처럼 뒤의
영상 클립이 나타난다.

Center Split : 선행 영상
이 4조각으로 분할되며
뒤쪽 영상이 중앙에서부
터 나타난다.

Push : 뒤쪽 영상이 앞의 영상을 밀어내며 나타난다.

Silde : 다른 장면을 슬라이드로 덮어버리듯이 나타난다.

Split : 다른 장면을 슬라이드로 덮어버리듯이 나타난다.

ⓕ **Wipe**

장면이 자동차 와이퍼처럼 닦
는 듯하게 전환된다.

Band Wipe : 막대 모양으로 장면이 전환된다.

Barn Doors : 문이 열리듯 장면이 전환된다.

Checker Wipe : 체크무늬로 닦이면서 장면이 전환된다.

CheckerBoard : 화면 상단에서 체크무늬로 흘러내리
듯 장면이 전환된다.

Clock Wipe : 시계바늘이 움직이듯 장면이 전환된다.

Gradient Wipe : 화면 위쪽에서 대각선 방향 아래로 흐
르듯 장면이 전환된다.

Insert : 한쪽 모서리에서 삽입 되듯이 장면이 전환된다.

Paint Splatter : 페인트가 뿌려지듯 장면이 전환된다.

Pinwheel : 날개가 회전하듯 장면이 전환된다.

Radial Wipe : 화면 가장자리를 중심으로 닦아내듯이
장면을 전환한다.

Random Blocks : 사각 체크무늬가 불규칙적으로 나타나며 장면을 전환한다.

Random Wipe : 사각 체크무늬들이 지정방향으로 쏟아지며 장면을 전환한다.

Spiral Boxes : 사각의 띠 형태로 화면이 닦아지듯이 장면을 전환한다.

Venetian Blinds : 화면이 블라인드를 치듯 장면이 전환된다.

Wedge Wipe : 화면 중앙을 중심으로 부채가 펴지듯이 닦아내는 장면 전환이다.

Wipe : 화면이 직선 형태로 장면을 전환한다. 직선 형태 진행방향을 설정할 수 있다.

❖❖ 트랜지션을 영상 클립에 적용하기 ❖❖

◉ CD 예제 : CD - 예제 소스 - PROJECT - Transition.prproj

영상 클립를 배치한 후 장면 전환을 위해 비디오 트랜지션 효과를 적용해 본다.

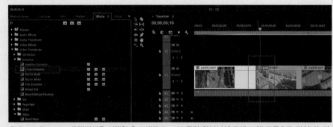

비디오 트랜지션 중 많이 사용되는 Cross Dissolve를 넣어보자. 트랜지션 효과는 영상 클립과 클립 사이나 클립의 인점, 아웃점에 마우스로 드래그 앤 드롭 하여 넣으면 된다.

① Cross Dissolve 트랜지션을 선택한 후 그대로 Park03 클립 앞부분에 드래그 앤 드롭으로 집어넣는다.

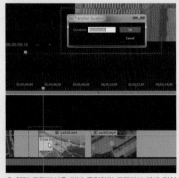

② 해당 트랜지션을 더블 클릭하면 트랜지션 재생 길이(Set Transition Duration)를 조정할 수 있는 대화창이 뜬다. 여기서 재생 길이는 3초(00;00;03;00)로 입력한다.

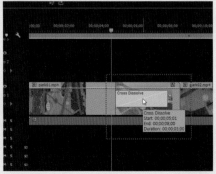

③ 1초에서 3초로 재생 시간이 길어졌다.

Zig-Zag Blocks : 화면이 지그재
그로 닦이면서 장면을 전환한다.

ⓖ Zoom

화면 크기를 확대, 축소하여 장면 전환을 한다.

Cross Zoom : 영상 클
립 크기를 확대 후 축소
하면서 장면을 전환한다.

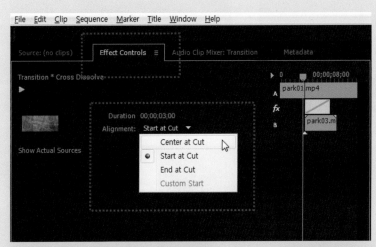

트랜지션도 효과이기 때문에
Effect Controls 패널에서 보다
세부적으로 조절할 수 있고 오른
쪽에는 타임라인과 마찬가지로
보조 타임라인이 생성되어 시간
을 보며 조정할 수 있다.

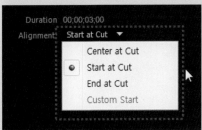

영상 클립 안에서 트랜지션 위치를 설정할 수 있는데 양쪽 중앙,
클립의 시작자리, 클립 종료자리 등으로 설정할 수 있다.

Center at Cut   Start at Cut

End at Cut

❖❖ 비디오 트랜지션 재생 길이 조절하기 ❖❖

해당 트랜지션 더블 클릭하거나, 트랜지션 선택된 상태에서 마우스 오른쪽 버튼 클릭으로, 트랜지션 끝부분을 마우스로 드래그하여 직접 늘리는 방법, Effect Controls에서 직접 늘려주는 방법 등이 있다.

트랜지션에서 마우스 오른쪽 버튼 클릭

트랜지션 끝지점을 드래그하여 길이 조정

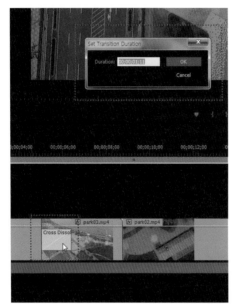
트랜지션을 더블 클릭

Effect Controls에서 조정

또한 프리미어 CC의 환경설정에 트랜지션 기본설정을 변경할 수도 있다.

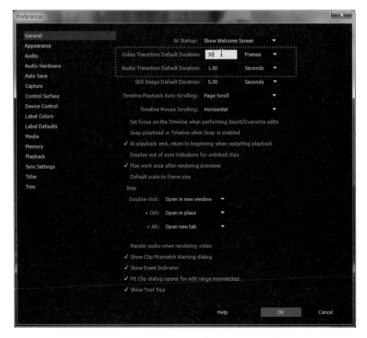

비디오 이펙트 적용하기, Video Effect

● CD 예제 : CD - 예제 소스 - PROJECT - Video effect.prproj

촬영된 영상 소스들을 수정하거나 목적의 효과적인 전달과 영상 시청의 즐거움을 위해 비디오 이펙트를 사용한다. 보정, 컬러 변경, 형태 변경 등 영상 클립에 많이 사용되는 비디오 이펙트 몇 가지만 알아본다.

프리미어 CC에서는 다양한 비디오 이펙트를 지원한다. 사전 설정된 것을 사용해도 되고 작업자가 직접 만든 이펙트나 자주 쓰는 이펙트 등을 모아서 별도로 저장 관리할 수 있다.

패널 오른쪽 하단의 빈 폴더 아이콘을 클릭하여 이펙트 등을 별도로 관리할 수 있다.

이펙트 패널은 프로젝트 패널군에 속해 있는데

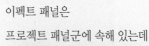

프로젝트 패널 왼쪽의 ≫ 을 클릭하면 Effect 패널을 찾을 수 있다. 또는 프리미어 CC 상단 메뉴들 중에 Window - Effects 로 불러올 수 있다.

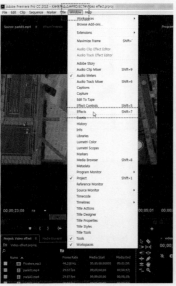

이펙트 패널을 불러오면 Video Effects를 찾을 수 있다.

이중 많이 쓰이는 몇 가지 이펙트들을 알아보자.

이런 이펙트들은 모두 Effect
Controls 패널에서 세부적으로 조
정할 수 있다.

영상 클립에 이펙트를 적용하
는 방법은 해당 이펙트 선택 후 드
래그 앤 드롭으로 해당 영상 클립
에 적용해주면 된다.

예) park02 클립에 비디오 이펙트 Extract를 적용한 모습

ⓐ **Adjust**

영상 클립을 보정할 때 사용하는 것으로
밝기, 대비, 밝기, 레벨 등을 수정할 수 있다.

Auto Color : 클립의 색상을 자동으로 조절한다.
Auto Contrast : 클립의 대비(Contrast)을 자동으로 조절한다.
Auto Levels : 클립의 레벨을 자동으로 보정한다.

Extract : 클립의 색상을 모두 제거하여 흑백의 음영으로 변경한다.

적용 전

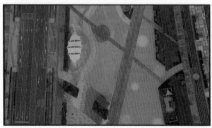

적용 후

Levels : 클립 색상 정보의 채널 컬러(Red, Blue, Green)마다 레벨 값을 각자 지정해 줄 수 있다.

적용 전

적용 후

Level을 적용하면 Effect Controls 패
널에서 각 채널 컬러별로 다양하게 레
벨 값을 조절할 수 있다.

Lighting Effect : 클립에 조명을 비추는 효과를 준
다. Effect Controls 패널에서 크기, 조사 방향, 밝
기 등을 설정할 수 있다.

Shadow / Highlight : 어두운 부분은 밝게, 밝은 부분
은 어둡게 보정한다.

ⓑ Blur&Sharpen(흐림과 선명함)

영상을 흐리게 하거나 선명하게 조정한다.

Camera Blur : 영상 화면을 흐리게 한다. 카메라에서 초
점이 맞지 않았을 때의 효과를 준다.

Channel Blur : 영상의 컬러
채널별로 흐림 효과를 준다.

Gaussian Blur : 영상을 흐리게 만들 때 가장 많이 쓰는 효과다. 거친 화면이나 노이즈 등이 있을 때 화면을 부드럽게 만들기도 한다.

Blurriness   0   30   60   100

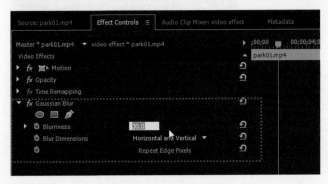

Effect Controls에서 Blurriness
값을 0 ~ 100까지 변경할 수 있다.

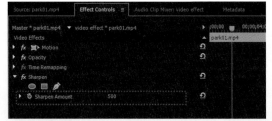

Sharpen : 영상을 선명하게 할 때 사용
하는 많이 쓰이는 효과 중에 하나다. 과
도하게 수치를 높이면 노이즈가 생기므
로 주의하는 것이 좋다.

Sharpen Amount 값을 입력하여
선명도를 조절한다.

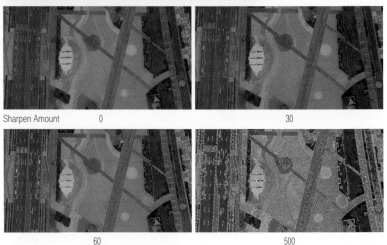

| Sharpen Amount | 0 | 30 |

| 60 | 500 |

ⓒ Color Correction

영상의 색상을 보정할 때 사용한다.

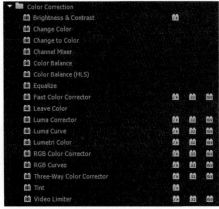

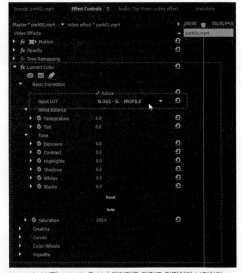

Brightness & Contrast : 명도(밝기, Brightness)
와 대비(Contrast)를 조정하여 영상을 보정한다.
Change to Color : 특정 채널의 색상을 다른 색상
으로 변경할 때 사용한다.
Color Balance : RGB의 채널 색상별로 조정하여
영상 컬러의 밸런스를 보정한다.

Lumetri : LUT(Look-Up Table) 데이터를 가지고 간편하게 보정한다.

| 원본 | SLOG2-SL-PROFILE LUT를 적용한 예 |

Tint : 색상을 흑백으로 설정한 후 지정한 컬러로 조정하여 보정한다.

RGB Curve : 영상 색상을 RGB 채널별로 구분하고 커브로 조절하여 보정한다.

Map White To에 입히고자 하는 컬러를 지정한다.

Amount to Tint 값을 조정하여 보정한다.

ⓓ Distort

클립 형태를 변형시켜 다양한 효과를 연출한다.

Mirror : 중심점을 설정하여 거울(Mirror)에 서로 반사되어 연출한다.

Reflection Center 값을 조정하여 반사 기준 위치를 설정한다.

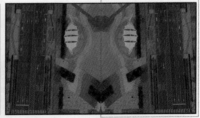

영상의 중심을 기준으로 설정해서 서로 반사되어 나타난다.

Transform : 클립 위치를 이동하거나 형태를 변화시키며 회전, 비틀기까지 할 수 있다.

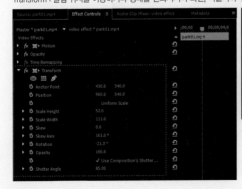

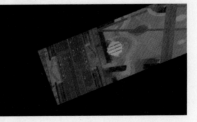

Offset : 기준점을 설정하여 주변으로 클립을 반복 배치한다.

Warp Stabilizer : 클립의 흔들림을 보정할 때 사용한다. 카메라로 촬영 시 영상에 들어간 진동이나 흔들림 등을 보정한다.

ⓔ **Transition**

비디오 이펙트의 트랜지션 효과와 유사하며 각 장면 전환의 효과를 보다 섬세하게 조절하고 추가할 수 있다.

Gradient Wipe : 다른 트랙에 있는 클립 소스를 이용하여 설정한 속도로 사라지게 한다. Effect Controls의 Transition Completion에 키프레임을 넣어 애니메이션처럼 되게 해야 효과가 나타난다.

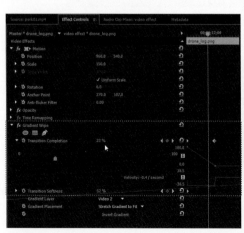
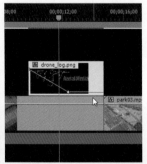
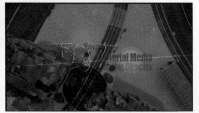

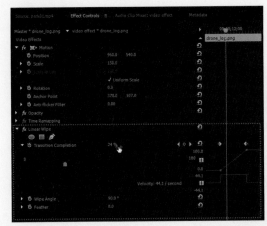

Line Wipe : 세로라인으로 클립을 닦아내듯이 사라지게 한다. Effect
Controls의 Transition Completion에 키프레임을 넣어 움직이게 한다. 세로
라인의 기울기는 변경할 수 있다.

ⓕ Video

클립 화면에 비디오 정보를 표시하게 한다.

Clip Name : 클립의 이름이나 시퀀스에서 설정한
파일 이름을 화면에 표시한다.

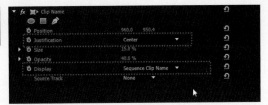

보여주는 정보의 위치와 보여주는 조건을 설정할 수 있다.

Timecode : 클립의 타임코드(시간) 정보를 화면에 표시해 준다.

05 사운드 편집하기

영상 미디어를 제작하려면 영상 촬영뿐 아니라 소리를 녹음하고 별도의 음악 소스를 가져와 배경에 넣기도 (BGM) 하며 원치 않는 소리를 보정하거나 삭제해야 할 때가 있다. 이번에는 오디오 편집의 기본사항 몇 가지를 알아보고 제작하고자 하는 미디어의 콘셉트와 잘 어울리도록 기본 오디오 편집을 연습해보자.

인터넷에서 무료음원을 다운받아 사용하자

오디오 음원은 저작권 보호제도로 인해 아무것이나 사용하면 안 되지만 몇 군데 무료음원을 제공하는 사이트가 있다. 개인 작업용, 소장용 또는 영리목적에까지 사용할 수 있는 다양한 무료음원들을 제공하는 곳에서 음원을 찾아 사용하면 어려움 없이 미디어 작품을 완성할 수 있다.

- **'유튜브' 무료음원 사이트**

  (https://www.youtube.com/audiolibrary/music)

  유튜브에서는 무료음원과 음향효과 소스를 제공하고 있다. 장르별, 시간별, 악기별로 잘 정리되어 있고 곡 업데이트도 되고 있으며 일부 음원들은 사용제한이 없는 것도 있다.

- **BGM 무료 사이트 '브금저장소'(https://bgmstore.net/)**

  장르별로 엄청난 양의 음원들이 올라와 있다. 포털사이트로 개인이 만든 자작음원들도 구할 수 있어 많이 이용된다.

- **해외 무료음원 사이트 'Jamendo'(https://www.jamendo.com/start)**

  해외 아티스트들의 음원 작품을 구할 수 있는 곳으로 별도 비용 지불 없이 사용할 수 있다. 개인용, 소장용, 작업용 음원이 있지만 일부 유료인 것들도 있다.

오디오 트랙에 오디오 소스 불러오기

◉ CD 예제 : CD - 예제 소스 - PROJECT - Audio
edit_01.prproj

프리미어에서 오디오 소스의 편집도 영
상 클립의 편집과 같은데 드래그 앤 드롭
으로 오디오 파일을 프로젝트에 가져오고
필요시 소스 패널에서 인점, 아웃점을 작
업 후 타임라인으로 가져가게 된다. 또는
인점, 아웃점 가공이 필요 없을 시에는 프
로젝트 패널에 불러 온 후 바로 타임라인으로 가져가도 된다.

폴더에서 바로 프로젝트 패널로 드래그 앤 드롭해서 가져온다.

프로젝트 패널에서 드래그 앤 드롭으로 타임라인에 집어넣
는다. 오디오 소스도 기본적으로 영상 클립 소스 편집 때와
마찬가지로 길이 조절(Trim), 자르기(Razor Tool), 트랙 이동,
각종 이펙트 효과 등을 작업하는 방식이 같다.

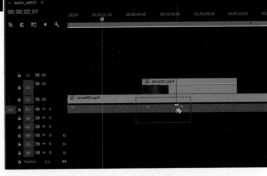

Razor Tool로 잘라 줄 수 있다.

마우스 선택 후 드래그하여 위치를 이동할 수 있다.

Trim 기능으로 간편하게 오디오 길이를 조절할 수 있다.

오디오 기본 편집 익히기

✦✦ 오디오 볼륨 조절하기 ✦✦

오디오의 볼륨을 조절할 수 있다. 조절 방법으로는 Effect Controls 패널의 Audio Clip Mixer를 이용하는 방법과 타임라인의 오디오 클립에 있는 레벨을 직접 조정하는 방법, 그리고 오디오 클립 선택 후 마우스 오른쪽 버튼을 클릭하여 옵션메뉴 - Audio Gain을 조정하는 방법이 있다.

• **Audio Clip Mixer를 이용해서 볼륨 조절하기** ◉ CD 예제 : CD – 예제 소스 – PROJECT – Audio edit_01.prproj

타임라인의 오디오 소스를 선택한 후 Space 로 재생해본다.

타임라인 작업창 옆에 오디오 미터스(Audio Meters) 패널의 볼륨에 따라 그래프가 움직인다. 오디오의 볼륨을 줄이기 위해 Audio Clip Mixer 패널을 선택하면 오디오의 볼륨상태를 오디오 미터스(Audio Meters)처럼 볼 수 있다.

Audio Clip Mixer 패널의 왼쪽부분에는 레벨 값들이 있는 곳에 ①번처럼 볼륨 조절 스위치가 있다.

이것을 아래로 내려주면 볼륨이 작아지며 ②번에 직접 수치를 넣어 조절할 수도 있다(※ 볼륨 레벨 메타에는 최대 볼륨 -∞~ 6db까지 표시되어 있다).

- **타임라인의 레벨 컨트롤 라인을 이용해서 볼륨조절하기**

타임라인의 오디오 클립이 있는 트랙 헤더를 스크롤하여 확대하면 트랙의 오디오가 파형모양
을 보여주며 가운데에는 레벨 컨트롤 라인이 있다.

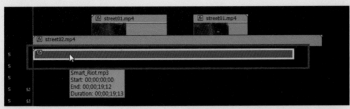

◀ 오디오 트랙의 트랙 헤더
를 마우스로 스크롤한다.

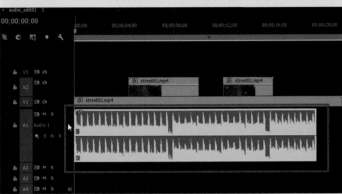

◀ 오디오 트랙이 확대되면
서 오디오가 파형으로 나타
나며 중간에는 오디오 레벨
컨트롤 라인이 있다.

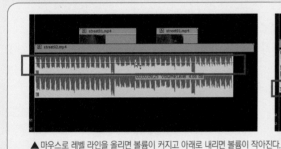

▲ 마우스로 레벨 라인을 올리면 볼륨이 커지고 아래로 내리면 볼륨이 작아진다.

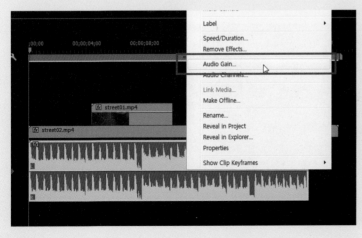

- 오디오 클립 선택 후 마우스 오
른쪽 버튼 클릭, 오디오 옵션에서
Audio Gain으로 볼륨조절하기

◀ 오디오 클립 선택 후 마우스 오른쪽
버튼 클릭 – Audio Gain 선택

▲ Audio Gain 대화창의 Adjust Gain by에 값을 입력한다. 볼
류을 현재보다 크게 할 때는 +(양의)값을, 작게 할 때는 −(음
의) 숫자를 넣어야 볼륨이 작아진다.

ⓐ Set Gain to : 오디오 클립 Gain 값을 설정한 값으로 변경한다.

ⓑ Adjust Gain by : 작업자가 지정한 dB 값을 현재 볼륨에 적용시켜 볼륨을 조절한다.

ⓒ Normalize Max Peak to : 오디오 최고 피크점을 작업자가 설정한 dB로 조정한다.

ⓓ Normalize All Peaks to : 모든 오디오 클립 최고 피크점을 작업자가 설정한 dB로 조정한다.

ⓔ Peak Amplitude : 현재 오디오의 최고 피크점과의 차이를 나타낸다. 위의 대화상자에서 -0.8dB라는 것은 최
고점에서 0.8dB 낮다는 뜻이고 0.8dB를 더 높여주면 최고점과 같게 할 수 있는 것이다.

⠿ 오디오 앞(영상 시작), 뒤쪽(영상 종료부분) 페이드 인과 페이드 아웃 효과 넣기 ⠿

◉ CD 예제 : CD – 예제 소스 – PROJECT – Audio edit_02.prproj

영상의 자연스러운 시작과 종료를 오디오 페이드 인, 아웃 효과를 이용하여 연출할 때 사용한다. 오디오 페이
드 인, 아웃은 소리가 갑자기 시작되거나 영상이 종료될 때 갑자기 오디오가 종료되어 어색해지는 것을 방지하기
위해 많이 사용된다. 오디오의 페이드 인과 페이드 아웃은 영상의 전체 스토리 종결이나 영상 클립의 마무리를 도
와주며 자연스러운 미디어의 시작과 종료를 표현할 때 사용되므로 기본 연출방법을 알아두자. 오디오 페이드 인,
아웃은 키 프레임을 이용한 방법과 오디오 트랜지션(Audio Transition)의 Cross Fade를 이용하는 등의 두 가지 방
법이 있다.

•타임라인의 오디오 키 프레임을 이용한 페이드 인, 아웃 연출하기

오디오 페이드 인은 오디오 볼륨이 0(무음)에서 서서히 커지는 효과이고 페이드 아웃은 서서히 볼륨이 작아
지게 하는 것이다. 오디오 클
립의 키 프레임으로 조절해
보자.

재생을 해보면 도시의 거리
영상인데 영상은 2초에서 시작
되어 00;00;19;10에서 끝난다.
배경에 사용되는 오디오를 이
영상클립의 시작과 종료에 알
맞게 적용해보자.

오디오 트랙 A1에 있는 오디오 클립을 한번 선택한 후 오른쪽 마우스 버튼 클릭 – Show Clip Keyframes – volume – Level로 선택한다. 이것은 오디오 클립의 오디오 볼륨 레벨 라인을 이용해서 볼륨을 조절하기 위한 것이다.

타임코드 창에 00;00;02;00를 입력하여 타임마커를 2초로 위치시킨다.

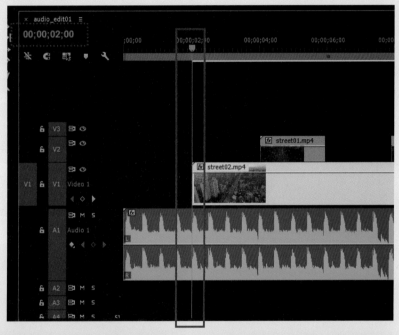

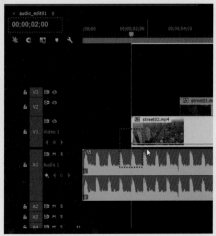

V1 트랙의 영상 street02를 선택 후 Effect Controls 패널 - Opacity에서 🕐를 클릭하여 키 프레임을 적용한 후 Opacity 값을 0으로 설정한다.

그런 다음 00;00;03;00 입력하여 타임마커를 3초로 이동시킨 후 V1 트랙의 영상 street02를 선택한 후 Effect Controls패널 - Opacity에서 키 프레임을 적용하여 Opacity 값을 100으로 설정한다.

V1 트랙의 영상 street02는 2초부터 영상이 나타나다가 3초에 완전히 보이게 하여 영상의 시작을 연출하였다.

타임코드란에 00;00;16;00 입력하여 타임마커를 16초 위치로 이동시킨 다음 Effect Controls 패널 - Opacity에서 를 클릭하여 키만 하나 생성한다(여기까지는 Opacity가 100으로 유지된다).

타임코드란에 00;00;19;00를 입력하여 타임마커를 19초 위치로 이동시킨 후 Effect Controls 패널 - Opacity 값을 0으로 설정한다.

이제 V1 트랙의 영상 street02는 2초에서 3초까지 서서히 영상이 나타난 다음 16초에서 서서히 사라지기 시작하면서 19초부터는 완전히 화면에서 사라지게 하였다.

시작부에서 영상 페이드 인을 2초~3초로 1초간으로 설정하고 종료부에서 영상 페이드 아웃 시간을 16초에서 19초로 3초 동안 설정한 것은 시작부에서는 영상이 빨리 나타나고 종료부에선 조금 천천히 사라지게 하는 것이 자연스럽기 때문에 종료부의 페이드 아웃을 조금 길게 설정한 것이다.

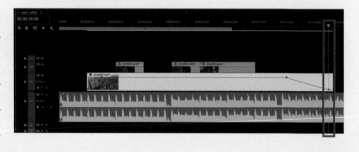

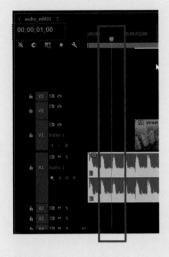

이제 이에 맞추어 오디오 페이드 인 효과를 주도록 하자.

타임코드란에 00;00;01;00 입력하여 타임마커를 1초 위치로 이동시킨다.

A1 트랙의 오디오 클립을 한번 선택 후 Effect Controls 패널 - fx volume - level 값에서 왼쪽 끝까지 드래그 하여 -∞로 맞춘다.

1초에서 오디오는 무음상태로 키 프레임이 생성된다.

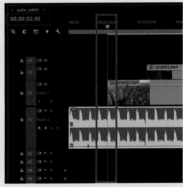

타임코드란에 00;00;02;00 입력하여 타임마커를 2초 위치로 이동시킨다.

Effect Controls 패널 - fx volume – level 값에서 0.3을 입력한다.

2초에 볼륨이 0.3dB로 되면서 음원이 출력된다.

타임코드란에 00;00;20;00 입력하여 타임마커를 20초 위치로 이동시킨다.

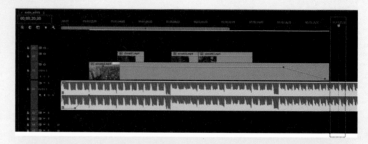

Effect Controls 패널 - fx volume - level에서 ◀◆▶ 를 한번 클릭하여 키 프레임 하나를 생성한다.

타임코드란에 00;00;23;00 입력하여 타임마커를 23초 위치로 이동시킨 후 Effect Controls 패널 - fx volume – level 값에서 왼쪽 끝까지 드래그 하여 -∞로 맞춰 무음 상태가 되게 한다.

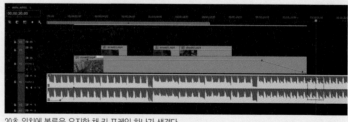

20초 위치에 볼륨을 유지한 채 키 프레임 하나가 생겼다.

설정이 완료되었다면 타임라인을 Space 하여 플레이 해보자.

영상 클립의 시작과 함께 음원 볼륨이 커지면서(페이드 인) 영상도 나타나고 16초에서 영상 페이드 아웃 되면서 음원도 함께 페이드 아웃 된다.

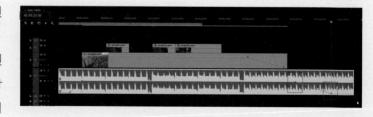

Effect Controls의 Audio Effects 옵션들을 보다 자세하게 설정할 수 있다.

- Volume : 오디오의 전체 볼륨을 조절한다. 이 볼륨 값은 Level로 표기된다.
- Channel Volume : 오디오 채널별(좌, 우)로 Level을 설정한다.
- Panner : 좌, 우 채널의 밸런스를 설정한다.

• 오디오 이펙트를 이용하여 페이드 인, 아웃 연출하기 ● CD 예제 : CD - 예제 소스 - PROJECT - Audio edit_03.prproj

오디오 페이드 인, 아웃 효과는 Effects
에서 Audio Transitions의 Cross fade를
사용해서 연출할 수 있다.

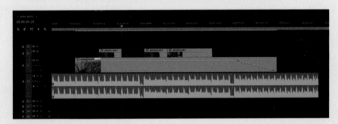

Audio edit_03.prproj를 열어 오디오 트랙의 음원 앞, 뒤에 페이드 인,
아웃을 연출해보자.

① Effects에서 Audio Transitions
의 Crossfade를 사용한다.

② Effects - Audio Transitions - Crossfade를 선택 후 그대로 오디오
클립 앞부분에 드래그 앤 드롭으로 끌어넣는다.

③ 삽입된 Crossfade
이펙트를 더블 클릭한다.

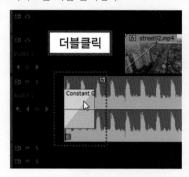

④ Set Transition Duration을
00;00;03;00 입력하여 3초로 설정한다.

⑤ 오디오 클립 뒤쪽 부분도 앞에서 작업한 것과 마찬가지로 3초 정도
의 Crossfade 이펙트를 적용한다.

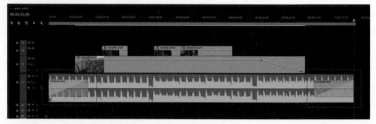

오디오 시작과 끝지점에 각 3초간의 오디오 페이드 효과를 연출하였다.

◉ 완성 영상 : CD – 완성 영상 샘플 – 6장 Audio_Edit03.mp4

오디오 트랜지션 자세히 알기

오디오의 자연스러운 시작, 종료 연출 시 또는 두 개 이상의 오디오 클립을 연결할 때 오디오 트랜지션 이펙트를 사용할 수 있다. Audio Transition의 Crossfade에서 사용하며 Crossfade에는 Constant Gain, Constant Power, Exponential Fade 3종류가 있다.

•Constant Gain : 일정한 속도로 음원에 페이드 인, 아웃 효과를 적용한다. 오디오가 전환될 때 앞의 오디오는 같은 속도로 소리가 감소되고 뒤의 오디오는 같은 속도로 소리가 증가한다.

•Constant Power : 오디오가 전환될 때 앞의 오디오는 천천히 감소하다 전환이 끝나는 부분에서 빠르게 감소되고 뒤쪽 오디오는 빠르게 증가하다가 전환이 끝나는 부분에서 천천히 증가한다.

•Exponential Fade : 두 오디오 클립의 전환이 자연스럽게 인, 아웃된다. 등속도로 변하는 Constant Gain보다 자연스럽고 인, 아웃간의 균형이 잘 맞는다.

오디오 이펙트(음향 특수효과) 알아보기

영상 클립과 마찬가지로 오디오에도 다양한 이펙트를 적용할 수 있다. 프리미어 프로 CC에 내장된 이펙트 몇 가지를 알아보자. Effects 패널에 있으며 가지 수는 약 200여 가지 정도다.

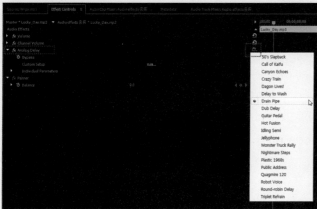

사용하는 방법은 원하는 이펙트를 선택한 후 비디오 이펙트처럼 타임라인의 오디오 클립에 드래그 앤 드롭으로 적용하는 것이다.

• Analog Delay : 오디오 지연 효과를 사전 제공되는 프리셋 등으로 설정할 수 있다.

※ 이펙트 중에 [아이콘] 표시가 있는 것은 다양한 프리셋을 가지고 있다는 뜻으로 프리셋 선택 후 Custom Setup을 통해 해당 프리셋도 사용자 스타일에 맞게 세부설정까지 할 수 있다.

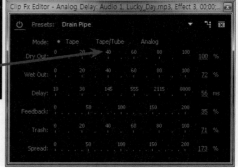

- **Balance** : 오른쪽, 왼쪽 볼륨(스테레오)을 개별적으로 조절한다. (-)값이 커지면 왼쪽 채널에, (+)값은 오른쪽 채널의 비율이 증가한다. 스테레오로 녹음된 음원에만 사용 가능하다.
- **Bass** : 오디오의 저음 영역을 조절한다. Boost는 저음 dB를 설정한다.

- **Chorus** : 코러스를 넣어 음원을 풍성하게 만든다.
- **Delay** : 최대 2초까지 그 후부터 음원의 되돌림(에코) 효과를 적용한다.
- **Distortion** : 음원을 찌그러트리거나 왜곡시킨다.

- **Desser** : 사람의 발성음 노이즈를 최소화 하거나 제거한다. 주로 인터뷰나 방송 안내 등에서 쓰이는데 세부적으로 성별, 주파수대역 등을 선택하여 사용할 수 있다.

- **Lowpass** : 지정주파수 이상의 주파수를 제거(Cutoff)해준다.

- **Reverb** : 실내 룸 등에서 재생되는 느낌의 오디오로 만든다(리버브 효과). edit로 들어가 Reverb의 세부 환경 설정을 지원한다.

- **EG** : Low, Mid1, Mid2, Mid3, High 등 주파수대역별로 나누어 세부적으로 조정할 수 있다. 몇 가지의 프리셋도 지원한다.

- **Chorus/Flanger** : 오디오 클립에 코러스나 Flanger 효과를 적용한다.

- **Volume** : 오디오의 볼륨을 조절한다.

06 자막 Title 삽입하기

영상에 글자, 자막, 도형 등을 삽입할 때 사용한다. 주로 영상의 제목이나 해설, 자막 제작에 많이 사용된다. 타이틀 패널은 프리미어의 상단 메뉴 - Window - Title Action 이나 Title designer, Title properties, Title styles, Title tools 중에 아무거나 클릭하면 불러 낼 수 있다.

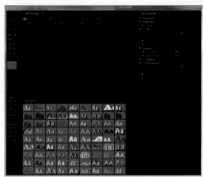

타이틀 작업을 할 수 있는 타이틀 패널

타이틀 패널 알아보기

● CD 예제 : CD - 예제 소스 - PROJECT - Title적용하기.prproj

영상 편집 중에 처음 타이틀을 만들려면 프리미어 상단 메인 메뉴에서 File - New - Title 실행한다. 이 타이틀을 생성하면 프로젝트 패널에 다른 클립들처럼 소스 미디어 형태로 들어가게 된다.

① 타이틀 미디어의 기본 환경을 설정해주면

② 타이틀 패널이 실행되어 타이틀 패널 미리보기 창에서 기존 영상과 함께 볼 수 있다. ③

❖❖ 타이틀 패널 각 구조와 기능 알기 ❖❖

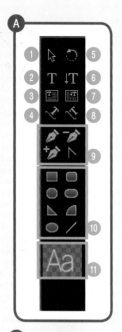

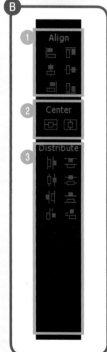

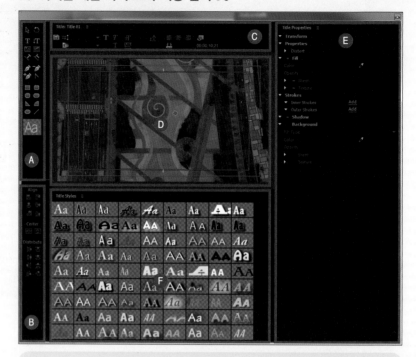

A Title Tool 패널 : 각종 타이틀 작성에 사용되는 도구들이 모여 있다.

① 선택 툴   ⑤ 회전 툴   ⑨ 패스 드로잉 툴
② 타이프 툴   ⑥ 세로입력 툴   ⑩ 기본 도형 제작 툴
③ Area Type 툴   ⑦ 세로 방향 Area Type 툴   ⑪ 미리보기
④ Path Type 툴   ⑧ 세로 방향 Path Type 툴

B Title Action 패널 : 타이틀, 도형 등 개체들의 위치와 정렬을 제어한다.

① 왼쪽 기준 정렬, 오른쪽 기준 정렬, 중앙정렬, 상단/하단 기준 정렬 도구
② 개체 가로, 세로 중앙 위치 제어 도구
③ 2개 이상 개체들의 배분 정렬 도구

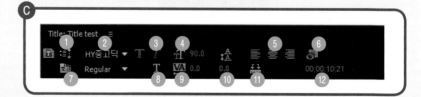

C 타이틀 기본 옵션 설정 도구 : 글자(Title) 등을 생성할 때 기본 옵션을 설정한다.

① 타이틀 흐르기 설정(롤링/크롤링)   ⑤ 정렬 설정   ⑨ 타이틀 글자 간격 설정
② 타이틀 글꼴 설정   ⑥ 배경 영상 보기 설정   ⑩ 타이틀 줄 간격 설정
③ 이탤릭(기울림)체 설정   ⑦ 템플릿 사용 설정   ⑪ 탭 스탑 설정
④ 타이틀 크기 설정   ⑧ 타이틀 밑줄 설정   ⑫ 삽입 위치 설정

D Title 모니터 : 타이틀 편집을 실시간으로 모니터할 수 있다.

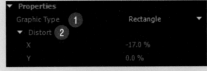

※ 개체가 패스로 만들어진 도형( )일 경우 Properties 옵션을 아래와 같이 변경한다.

① 도형 모양 설정

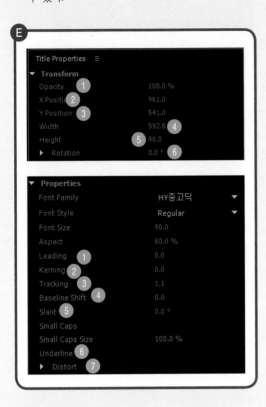

E Title Properties, Transform 설정 : 타이틀의 투명도, 위치, 넓이, 회전 등을 설정한다.

① 타이틀 투명도 설정
② 화면에서 X상의 위치인 가로 위치 설정
③ 화면에서 Y상의 위치인 세로 위치 설정
④ 타이틀의 넓이 설정
⑤ 타이틀의 높이 설정
⑥ 회전 각도 설정

Title Properties, Properties 설정 : 타이틀의 기본 속성을 설정한다.

① 타이틀 줄 간격 설정
② 타이틀 글자 간격 설정
③ 타이틀 트래킹 설정
④ 베이스라인 설정
⑤ 기울어짐 설정
⑥ 밑줄 설정
⑦ 형태 찌그러트리기 설정

② 패스 도형 형태 변형 설정

- Fill(채우기) 설정 : 글자나 도형, 텍스쳐에 색상을 채우거나 무늬 등을 넣을 수 있다.

① 채우기 색상 유형 설정

② 채우기 색상 설정
③ 색상 투명도 설정
④ 광택 사용 여부 설정
⑤ 광택 컬러 설정
⑥ 광택 컬러 투명도 설정
⑦ 광택 크기 설정
⑧ 광택 각도(앵글) 설정
⑨ 텍스쳐(무늬) 채우기 설정
⑩ 무늬 종류그림 선택
⑪ 개체 회전 시 무늬 동시 회전 여부 설정
⑫ 무늬 스케일(크기) 설정
⑬ 무늬 정렬 방법 설정
⑭ 무늬 블렌딩(합성)모드 설정

- Stroke(테두리) 설정 : 개체 테두리 사용에 대한 옵션 설정
  이다.
  ① 내부 스트로크 추가 설정　② 외부 스토로크 추가 설정
  ③ 광택 사용 설정　　　　　④ 텍스쳐 사용 설정

- Shadow(그림자) 설정 : 개체에 그림자를 적용할 때 옵션 설정
  이다.
  ① 그림자 색상 설정　　　　④ 개체와 그림자 간의 간격 설정
  ② 그림자 투명도 설정　　　⑤ 그림자 크기 설정
  ③ 그림자 각도 설정　　　　⑥ 그림자 퍼짐 정도 설정

- Background(배경) 설정 : 타이틀 배경에 대한 설정이다. 배
  경을 사용할 경우 영상 클립이 있더라도 배경이 우선 표출되
  므로 주의하고 영상 클립이 없는 부분에서 사용하면 된다.

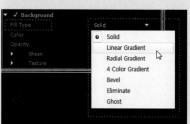

① 배경 채우기 옵션 설정　　② 배경 컬러 설정
③ 배경 투명도 설정　　　　④ 배경 광택 설정
⑤ 배경 텍스쳐 설정

- Title Style : 타이틀 스타일을 선택하여 사용할 수 있다. 또한 자신이 만든 스타일을 새로 등록하여 지속적으로
  사용할 수 있다.

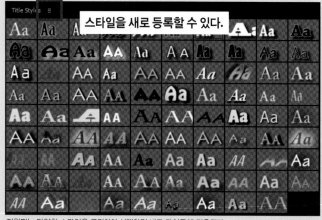

지원되는 다양한 스타일을 클릭하여 선택하면 바로 타이틀에 적용된다.

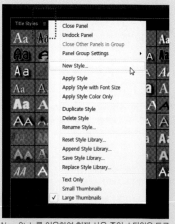

New Style를 이용하여 현재 사용 중인 스타일을 등록
시킬 수 있다.

타이틀 영상에 적용해보기

◉ CD 예제 : CD - 예제 소스 - PROJECT - Title적용하기.prproj

타이틀을 영상에 적용시켜 보자. 타이틀을 생성하면 다른 소스들처럼 프로젝트 패널에 소스 형태로 추가되고 이것을 타임라인의 지정위치에 넣어주면 된다. 영상 트랙보다 상위 트랙에 올려야 영상에서 타이틀이 보이게 되고 하위 트랙에 넣으면 보이지 않게 되니 영상 트랙 사용을 미리 염두에 두고 배치시켜야 한다.

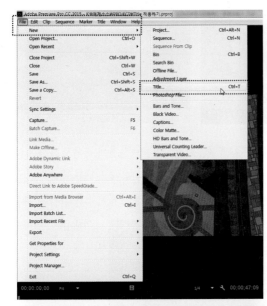

Title 적용하기.prproj를 열고 File - New
- Title을 실행한다.

① New Tilte 대화상자에서 현재 시퀀스와 설정을 같게 하고 타이틀 제목을 Title test라고 설정한다.

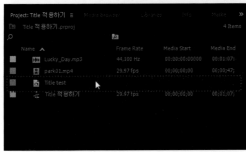

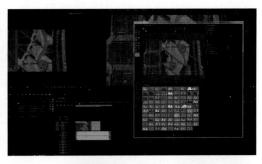

② 프로젝트 패널에 Title test라는 타이틀 소스
가 생성되고 타이틀 패널창이 생겨난다.

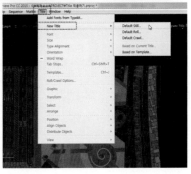

※ 또는 프리미어 상단 메뉴바에서 Title - New Title -
Defualt Still 로도 타이틀 패널을 불러올 수 있다.

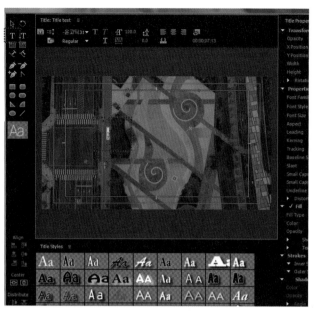

③ 타이틀 패널 중 편집 도구에서
(Type Tool)을 선택하고 모니터창 임의의 위
치에 클릭하면 타이핑을 할 수 있게 글자 박
스가 활성화된다.

④ 'Aero Media Creator' 텍스트 입력

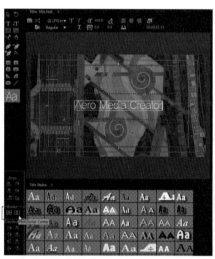

※ 프리미어 같은 프로그램들은 폰트나 효과 등에서 한글 지원에 제
약이 많다. 한글보다 영문이 지원이 좋기 때문에 텍스트는 가급
적 영문으로 작성하는 것을 추천하며 특수한 한글을 사용하기
위해서는 일러스트나
포토샵 같은 이미지 편
집 프로그램 등을 이
용하여 한글 타이틀을
이미지화시켜 작업하
여 사용한다.

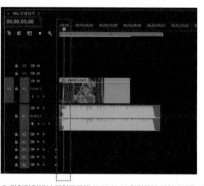

⑤ Aign 도구의 Center 명령을 이용하여 화면 정중앙에 배치한다.

⑥ 타임라인에서 타임코드에 00:00:03:00 입력하여 타임마커를 3
초 위치로 이동시킨다.

드래그 앤 드롭

⑦ 프로젝트 패널의 Title test 소스를 드래그 앤 드롭 하여 타임라인의 3초 뒤로 넣어준다.

⑧ 타임라인에 올라간 Title test 클립을 선택 후 마
우스 오른쪽 버튼을 클릭하여 옵션 메뉴 – Speed /
Duration 열어 Duration에 00:00:10:00 입력하여 재생
길이를 10초로 설정한다.

Title을 하나 더 추가해보자. 프로젝트
패널의 Title test 클립을 선택한 후 마우스
오른쪽 버튼을 클릭 - Duplicate 하여 Title
test 복제본을 생성한다.

⑨ Title test Copy 01 클립이 복제되어 생성된다.

⑩ Title test Copy 01 클립 이름부분을 한번 클
릭한 후 키보드의 **Enter** 를 눌러 Title test_
designed by로 수정한다.

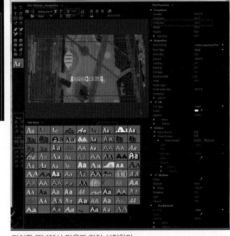

타이틀 패널에서 다음과 같이 설정한다.

글꼴 : Adobe Garamond Pro / 폰트 크기 : 60 / Center 정렬 : 세로 중앙 정렬 / Y position : 700
Title Style : Adobe Garamond White 90

⑪ 타임라인 패널의 타임코드에 00;00;
04;00 입력하여 타임코드를 4초 위치로
설정한 후 Title test_designed by 클립
을 V3 트랙에 드래그 앤 드롭 하여 4초
위치에 넣는다.

⑬ 이제 타임라인을 Space 로 플레이시켜 보자.

⑫ Title test_designed by 클립의 Duration을
10초로 설정

① 영상 제목이 나타나고 곧 ②
디자인 출처 타이틀이 순차적으
로 나타난다.

※ 복습 하기

• 간편하게 트랙 확대하기

해당 트랙 헤더 임의의 공간에 마우스 커서를 위치 시킨 후 마우스 휠을 위아래로 스크롤하면 트랙이 확
대되거나 축소된다.

• 트랙 타게팅으로 타임마커 빠르게 이동하기

타임마커를 이동할 때 키보드의 ↓ , ↑ 를 사용하면 클립의 처음과 종료 부분으로 바로 건너뛰며 빠
르게 이동할 수 있다.
이것은 각 트랙마다
트랙 타케팅이 활성
화 되어야 작동하므
로 작업하는 트랙 헤
더에 트랙 타게팅의
설정여부를 확인하자.

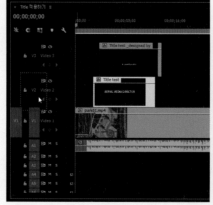

트랙 헤더 비활성

트랙 헤더 활성

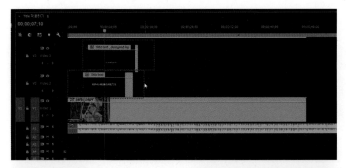

이제 타이틀 ①, ②를 갑자기 나오는 것이 아니라 불투명도(Opacity) 키 프레임을 적용하여 서서히 나타날 수 있도록 액션을 넣어보자.

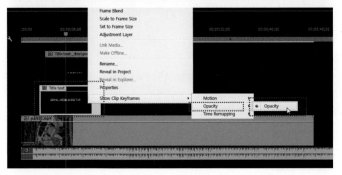

트랙을 확대 시킨 후 Title test 클립을 선택한 후 오른쪽 마우스 버튼을 클릭하여 키 프레임 설정이 Opacity로 되어있는지 확인한다. 만약 되어 있지 않다면 Opacity를 선택해준다(Title test_designed by 클립도 마찬가지로 확인한다.).

타임라인에서 Title test 클립을 시작점으로 타임마커를 이동시킨 후 Title test 클립을 선택하고 Effect Controls - fx opacity를 0으로 설정한다.

타임마커를 5초 위치로 이동시킨 후 Effect Controls - fx opacity를 100으로 설정한다.

Title test 클립이 3초부터 나타나다가 5초에 완전히 보이도록 연출 되었다. 같은 방식으로 12초 지점에는 Opacity를 100으로 유지하고 13초 지점에는 Opacity 0을 입력한다.

※ 키 프레임 값을 변경하지 않고 키 프레임만 추가하고자 할 때는 Add/Remove Key Frame(◀◆▶)만 클릭해주면 된다. 클릭할 때마다 타임라인의 클립에 적용된 키 프레임 포인트를 생성, 제거 시킨다.

V3트랙의 Title test_designed by 클립도 아래와 같이 설정한다.

타임코드 00;00;04;00   4초   Opacity 0

타임코드 00;00;05;00   5초   Opacity 100

타임코드 00;00;13;15   13.15초   Opacity 100

타임코드 00;00;14;00   14초   Opacity 0

타임라인에서 **Space** 로 플레이시키면 두 개의 타이틀이 시간차를 두고 순차적으로 나타났다 사라진다.

● 완성 영상 샘플 : CD – 완성 영상 샘플 – 6장 Title 적용하기_완성.mp4

※ 클립 내의 키 프레임 포인트 자유자재로 이동하기

클립에 적용된 키 프레임 값들은 수치를 통해 정확하게 제어할 수 있지만 정확성이 특별히 요구되지 않을 땐 클립 내에서 키 프레임을 마우스로 선택하고 드래그 하여 빠르고 간편하게 키 프레임 포인트를 변경할 수 있다.

클립 내의 키 프레임 포인트를 마우스로 선택하여 제어한다. 포인트를 아래로 내리면 값이 작아지고(opacity일 경우 0에 가까워져 클립이 안보이게 되고 위쪽으로 이동하면 영상이 보이게 된다) 오디오 클립 내의 키 프레임 포인트를 아래로 내리면 설정에 따라 음량 좌/우 레벨 조절, 또는 볼륨조절을 할 수 있다.

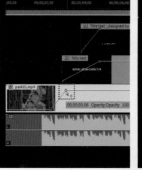
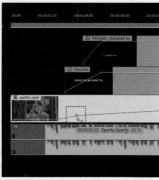
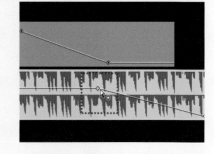

Chapter 7

미디어 영상 아웃풋 (EXPORT)하기

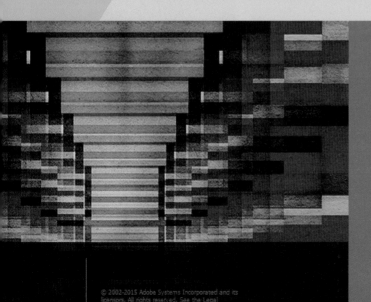

편집이 완료되었다면 작업한 프로젝트를 렌더링이란 과정을 거쳐 원하는 포맷으로 만들어 내야 한다. 최종 결과물이 어디에 쓰일 것인지 미리 계획한 후 그에 맞는 설정으로 렌더링해야 할 것이다. 이번에는 렌더링 하여 영상 아웃풋 하는 방법을 알아본다.

01 프로젝트 Export 하기

● CD 예제 : CD - 예제 소스 -
PROJECT - Export.prproj

완성된 프로젝트를 영
상 플레이어에서 재생이
가능한 파일로 만들기 위
해 프리미어에서는 Export
메뉴를 사용한다. 프리미
어 상단 메뉴 File - Export
- Media 선택한다.

단축키 : **Ctrl** + **M**

Export Settings 창이 뜬다.

① Source 선택 기능은 사전 설정된 시퀀스
의 영상에서 일부 영역만(Crop) 지정하여
Export(영상으로 렌더링 실행)할 수 있다.

② Output 탭
③ Export 상태 모니터 창
④ Export 될 영상의 비디오와 오디오의 형식을 설정
⑤ Export 되어 생성될 영상의 이름과 저장위치를 설정
⑥ Export 되어 생성될 영상의 기본 속성을 안내한다.
⑦ Export Settings 창에서 타임마커 위치를 확인할 수 있다.

⑧ 상태 모니터 창 크기 조절
⑨ Export 하는 길이(시간단위로 표기)
⑩ Export 되는 구간
⑪ Export 되어 생성될 영상의 데이터 크기
⑫ Export 설정된 내용으로 어도비사의 전문 엔코더 프로그램인 Queue을 실행하여 렌더링
⑬ Export 설정된 내용으로 바로 렌더링 실행

Export Settings의 옵션을 알아보자

Export 하기 전 Export Settings에서 렌더링 할 영상의 포맷을 먼저 체크하여야 한다. 사용자의 임의 설정이 가능하며 프리미어에서 자체 설정된 다양한 포맷으로 렌더링이 가능하다.

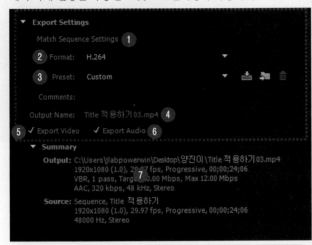

작업자가 필요한 포맷을 선택하여 렌더링하면 된다.

① 사전 설정된 시퀀스 세팅과 동일하게 설정
② 렌더링 후 Export 영상의 포맷 설정
③ 설정한 영상 포맷에서 사용할 수 있는 다양한 매체별 프리셋을 적용하여 렌더링할 수 있다.
④ 아웃풋 될 영상의 이름과 저장 위치를 설정한다.
⑤ 영상 아웃풋 시 기본적으로 체크되어 있다. 체크 해제 시 영상은 아웃풋 되지 않는다.
⑥ 아웃풋 시 오디오와 함께 렌더링 여부를 설정한다. 체크를 해제하면 오디오는 제외된 채로 아웃풋 된다.
⑦ 아웃풋 속성과 생성될 영상의 주요 속성을 표시한다.

∷ Effects, Video, Audio, Multiplexer, Captions, Publish 탭 ∷

효과, 비디오, 오디오별로도 렌더링을 설정할 수 있다. 영상 출력을 위해서는 Video, Audio 탭 부분만 알아도 아웃풋하기에 충분하다. 각 탭별로 간단하게 알아보자.

[Effects]

이펙트 효과를 렌더링 전체에 적용할 수 있다. 프로젝트 전체에 일괄적으로 적용할 수 있어서 전체 분위기 통일이나 일관성을 위해 사용된다.

① 영상에 색감 효과(Lumetri)를 적용한다.　② 별도 이미지를 합성한다.
③ 영상에 지정된 파일 이름이나 문자를 보이게 한다.　④ 타임코드를 영상에 보이게 한다.

[Video]

아웃풋 할 때 세부적인 렌더링 설정을 확인하고 조정할 수 있다. 아웃풋 영상의 최종 형식(포맷)에 따라 세부 설정 사항도 일부 변경된다.

① 프레임 크기를 확인하고 별도로 설정할 수 있다.
② 아웃풋 옵션을 현재 시퀀스 성격과 동일하게 설정한다.
③ 1초당 프레임 수(fps)를 설정한다.
④ 가로, 세로 화면 비율을 확인하고 설정한다.
⑤ 깊은 영상 심도까지 연산하여 렌더링 한다. Export된 영상 데이터 크기가 커지고 렌더링 시간이 조금 더 걸린다.
⑥ 영상 데이터 비트 레이트의 최고치와 적용 방식을 설정한다.

※ 영상 프레임 수 설정 팁

영상은 정지된 이미지 수십 장을 일정한 시간 간격으로 전개시켜 움직이는 것처럼 만들어진다. 초당 몇 장의 이미지가 전개되는 것을 초당 프레임 수로 표기한다(fps, frame per second). 1초에 24~30프레임 이상이 전개되어야 우리 눈에 자연스러운 동작으로 보인다. 그러나 사용 목적에 따라 임의로 프레임을 조정하여 촬영하기도 한다. 가정용 TV에서 보는 영상들은 대부분 29.97fps이나 30fps 정도이다.

〈프레임 수별 촬영 포인트〉
• 24fps 이하 : 씨네 촬영, 영화 등
• 24~30fps : 일반 영상 시청용
• 60~120fps : 느린 동작 연출 시, 빠른 동작이 많은 스포츠 촬영 시
• 120~240fps : 고속 촬영, 빠른 스포츠(야구, 축구, 레이싱 등) 경기 촬영 시
• 240fps 이상 : 수퍼 고속 촬영, 떨어지는 물방울, 자동차 추돌 안전시험 촬영 등

※ 슬로우 모션 효과를 사용하려면 최소 60fps 이상으로 촬영해야 한다. 영상에서 일부분 슬로우 모션 효과를 주거나 느리게 재생하여 감정표현을 높이는 경우가 있다. 이때 일반 30프레임으로 촬영된 것을 저속 재생하면 프레임 수가 부족하여 영상이 부드럽게 재생되지 않고 툭툭 끊기듯이 재생된다. 사전에 슬로우 모션이 필요하다면 해당 신(Scene)을 촬영할 때 최소 60프레임 이상으로 설정 후 촬영해야 하고 기기 성능이 좋다면 120fps로 찍는 것이 좋다.

※ 단위 시간당(초) 데이터 전송 속도, 비트 레이트 bps(bit rate per second)

영상 Export 시 비트 레이트는 디지털화된 영상 데이터를 구성할 때 초당 데이터 전송속도를 일컬으며 일반적으로 비트 레이트가 크면 영상 데이터는 커지지만 좋은 품질의 영상을 만들 수 있다. 촬영 기기에도 촬영 시 영상 모드별 비트 레이트 설정이 있으니 최종 영상 품질을 위해 비트 레이트 설정을 확인하는 것이 좋다.

비트 레이트를 높이면 품질은 좋아지지만 그만큼 데이터 크기가 급격하게 증가하므로 적절하게 선택해서 촬영해야 하며 Export 시에도 마찬가지로 비트 레이트를 조절하며 아웃풋 하도록 하자.

좋은 품질을 위해 비트 레이트를 높게 설정하면 영상 품질은 좋아지겠지만 데이터 크기가 커지므로 영상을 온라인에 올렸을 경우 그것을 시청하는 사람들이 그만큼 큰 데이터를 로드해야 하므로 불편함을 야기할 수 있다.

[Audio]

아웃풋 될 오디오의 각종 설정을 확인하고 조정한다.

① 오디오 포맷을 설정한다.
② 렌더링 시 사용될 오디오 코덱을 설정한다.
③ 오디오 채널을 설정한다. 종류는 Mono, Stereo, 5.1이 있다.
④ 오디오 품질을 설정한다.
⑤ 오디오 비트 레이트를 설정한다.

[Captions]

작업 시퀀스에 닫힌 자막(Closed Captioned)이 있을
경우 별도의 데이터로 출력해준다.

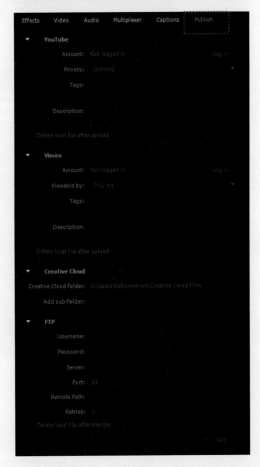

[Publish]

완성된 영상을 바로 온라인에 올려주는 기능이다. 유
튜브, 비메오, 크리에이티브 클라우드 및 별도의 서버 등
에 올릴 수 있게 FTP 설정도 지원한다. 올리고자 하는 곳
을 선택 후 로그인을 하면 렌더링이 완료된 다음 곧바로
해당 온라인 서비스에 업로드 한다.

02 인코더 프로그램 어도비 미디어 인코더 Queue 알아보기

프리미어 CC나 어도비 애프터 이펙트 등을 설치할 때 함께 설치되는 어도비 미디어 인코더는 프리미어와 애프터 이텍트 등으로 작업된 프로젝트를 빠르고 안정적으로 인코딩해주는 서브프로그램이다. Export Setting 설정을 모두 마친 후 창 오른쪽 아래에 있는 `Queue` 를 클릭하면 미디어 인코더 CC를 불러낸다.

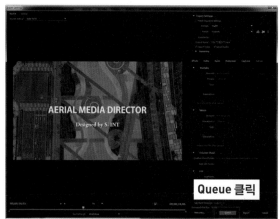

Queue 클릭

미디어 인코더 CC가 실행된다.
▼

Media Encoder CC

◀ 어도비 미디어 인코더 CC 실행 모습

① 프로젝트에서 작업된 파일들이 대기하는 공간으로 편집 완료된 프로젝트들이 이곳에 모두 리스트로 올라와 대기한다.
② 렌더링 프리셋 브라우저로 사전 설정된 다양한 프리셋을 이용하여 렌더링할 수 있다.
③ 인코딩이 시작되면 진행과정을 보여준다.
④ 작업 PC 내의 폴더들을 와칭하여 해당 폴더에 있는 영상을 설정된 값으로 자동 인코딩할 수 있다.

Export시 일반 Export 와 Queue 는 어떤 경우에 사용하면 좋을까?

Export Setting 패널에는 외부 인코더 프로그램을 이용한 Queue와 자체 인코더 기능인 Export 두 가지의 인코딩 방법이 있다.

어도비 미디어 인코더 CC는 다중 인코딩을 지원한다. 단일 프로젝트가 아닌 여러 개의 프로젝트를 모두 렌더링하거나 한 개의 프로젝트에서도 A 설정 값의 영상, B 설정 값의 영상, C 설정 값의 영상 등이 필요할 때 어도비 인코더를 사용하여 각각의 설정대로 Queue로 보내 모두 대기열에 올려 한 번의 클릭을 통해 설정대로 연속하여 렌더링할 수 있는 편리함이 있다. 이에 반해 Export 렌더링은 현재 작업 중인 프로젝트이거나 단일 프로젝트만 바로 렌더링할 수 있다.

영상 편집 시 하나의 프로젝트 내용의 편집을 하더라도 필요에 따라 여러 가지 옵션으로 렌더링하거나 여러 개의 프로젝트를 렌더링 할 시 또는 애프터 이펙트와 동시에 작업 시 이런 모든 것들의 프로젝트들을 모아서 한 번의 클릭으로 모두 아웃풋 시킬 수가 있는 것이다. 하지만 단일 프로젝트이거나 더 이상 수정 사항이 없을 시에는 바로 Export를 이용하면 된다.

어도비 미디어 인코더 CC 사용방법 알기

프리미어에서 작업된 프로젝트가 대기하는 공간이다.

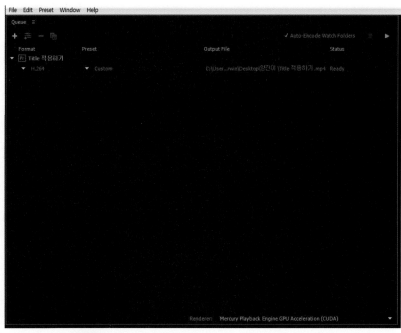

Queue를 이용해서 불러오면 대기열 공간에 렌더링 대기하게 된다.

① Stop Queue ▣ 실행 중인 인코딩을 취소한다(단축키 Esc).

② Start Queue ▶ 인코딩을 실행한다(단축키 Enter).

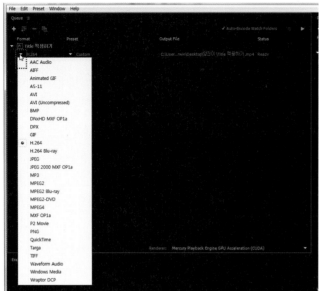

③  를 이용하여 인코딩 포
맷을 변경할 수 있다.

④ ▼ 를 이용하여 사전 설정된 다양한 프리
셋을 이용하여 인코딩할 수 있다.

⑤ 클릭하여 인코딩된 영상의 저장 위치와 파일명을 설정할 수 있다.

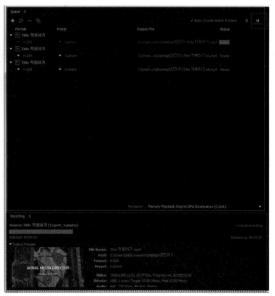

프리미어 프로젝터에서 다른 설정으로 작업된 프로젝트들을 Queue로 보내면 여러 개의 렌더링 대기
열로 파일들이 올라온다.

오른쪽 상단의 ▶ 를 클릭하면 대기 중인 파일들을 하나씩 순차적으로 지정된 위치에 렌더링 되어 저장된다.

Export.prproj를 이용하여 어도비 미디어 인코더로 인코딩해보자.

먼저 CD – 예제 소스 - PROJECT - Export.prproj를 클릭하여 불러온다.

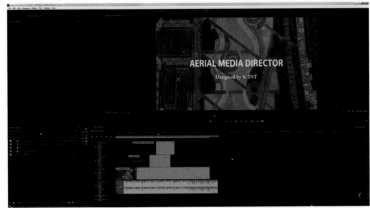

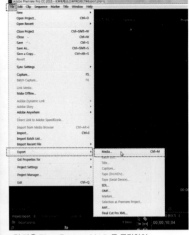

그런 다음 File – Export – Media를 클릭하여
Export Setting을 불러온다.

① Format : H.264로 설정

② Output Name : 저장 위치를 설정하고 파
일 이름을 Export로 설정

③ 비트 레이트 세팅 : Bit rate Encoding을
VBR,2 pass로 설정

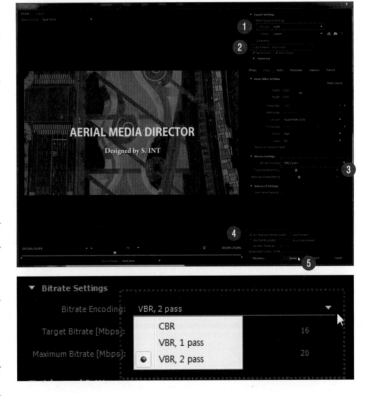

• Bitrate Encoding 종류

- CBR : 고정된 비트 레이트로 일정하게
인코딩 한다.

- VBR,1 pass : 허용된 비트 레이트 값
내에서 자체적으로 비트 레이트를 보감
하며 인코딩한다. 화질이 고르며 데이터
크기도 관리한다. 1 PASS로 한번 프로
그래밍 하여 압축한다.

- VBR,2 pass : 허용된 비트 레이트에서
자체적으로 비트 레이트를 보감하며 압
축하지만 VBR,1 pass에 비해 1번 스크

린한 값을 기준으로 보감 후 2번 프로그래밍 하여 압축하는 방식이다. 보다 자세하
게 인코딩되어 좋은 화질을 뽑아낼 수 있지만 렌더링 시간과 데이터 크기가 다소 증
가한다. 컴퓨터의 사양이 좋다면 VBR,2 pass로 압축하는 것을 권장한다.

④ Use Maximum Render Quality 체크

⑤ Queue 클릭

어도비 미디어 인코더 CC 실행 후 아웃풋
이 완료된 영상의 저장 위치와 이름을 설
정한다.

Start Queue ▶ 를 클릭하여 인코딩 실행

인코딩 프로세싱이 시작되고 얼마 후 인코
딩이 완료된다.

● 완성 영상 샘플 : CD – 완성 영상 샘플 – 7장 export
queue.mp4

엔비디어 그래픽카드 CUDA 설정하여 사용하기

윈도우용 컴퓨터에 고성능 그래픽카드 하드웨어를 장착해 사용하는 사용자가 있을 것이다.

엔비디아의 그래픽카드 중에는 그래픽 프로세싱을 담당하는 CUDA를 이용하는 것이 있다. 그래픽 작업 시 컴퓨터의 중앙처리장치(CPU)와 그래픽카드의 GPU가 함께 일을 하는데 이 GPU의 병렬프로세싱

을 극대화하여 동작하는 알고리즘 응용기술이다. CUDA의 개수를 그래픽카드의 스펙 중 하나로 표기하기도 하는데 쉽게 말하면 그래픽카드가 일을 하는 프로세싱 수라고 할 수 있다. CUDA 수가 많으면 그만큼 빠른 렌더링과 큰 그래픽 작업에 도움이 된다. 프리미어와 어도비 애프터 이펙트에서 CUDA를 지원하기 때문에 사용하는 컴퓨터 그래픽카드를 확인하여 CUDA 지원이 되고 그 수량이 많다면 프리미어에 해당 GPU를 설정하여 CUDA를 사용할 수 있다.

New Project 설정 시 렌더링 설정을 CUDA로 한다.

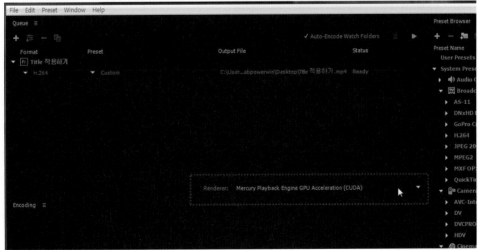

어도비 미디어 인코더에서도 렌더링 설정에 CUDA를 사용할 수 있다.

※ CUDA가 많이 내장된 그래픽카드는 가격도 고가이므로 사용자의 필요에 따라 사용하길 바란다. 내장 그래픽 인텔 HD 시리즈 등에는 지원되지 않는다.

03 응용 영상 편집

재생속도 조절하여 액티브하게 만들기

최근 드론 항공 촬영 영상이나 기타 미디어 영상에서 즐겨 사용되고 있는 방법으로 촬영된 영상의 재생속도를 빠르게 하여 액티브한 느낌을 배가시키거나 슬로우 모션 효과를 이용해 감성적인 영상으로 연출하는 방법이다. 영상 클립의 재생 속도를 조절하는 방법은 크게 Speed/Duration 과 Time Remapping 등 2가지 방법이 있다.

영상 클립 속도 제어하기 'Speed/Duration'

● CD 예제 : CD – 예제 소스 – PROJECT – Speed_control.prproj

화면 중앙에 인공폭포 조형물이 있으며 그 주위를 드론의 아킹(Arching, DJI Go App은 POI로 명명)기법으로 비행하여 촬영한 영상이다.

타임라인의 DJI_0012.mp4 클립을 선택 후 마우스 오른쪽 버튼을 클릭하면 다양한 제어 메뉴가 나오는데 Speed/Duration을 선택한다.

Clip Speed/Duration 창에서 Speed를 정상적일 때보다 7배 빠르게 재생하도록 700을 입력하면 영상의 재생 길이는 1/7로 줄어든다. 그대로 타임라인을 플레이 해보면 빠르게 영상이 재생되면서 폭포 구조물이 급속히 회전한다.

위의 재생 속도 제어는 선택된 영상 클립 전체가 일관되게 빠르게 재생시키는 방법이다. 이번에는 부분적으로 속도를 제어해보자.

DJI_0012.mp4 영상 클립

정상 재생	7배 빠른 재생	정상 재생

Speed/Duration은 클립 전체를 제어하므로 하나의 클립을 부분적으로 제어할 때 가장 기초적인 방법은 재생 속도 변화를 줄 구역만을 자른 다음 그 클립에만 Speed/Duration를 별도로 지정하는 방법이다.

① DJI_0012.mp4 클립의 2초 부분과 9초에서 Razor Tool을 이용해 잘라주었다.

② 잘라진 2초에서 9초 사이의 새로운 클립에 Speed를 700으로 설정한 다음 재생해본다.

위의 경우처럼 별도로 구역을 만들어 Speed 변화를 주면 작업은 간단하지만 하나의 클립이 분할되면 분할된 부분의 프레임 변화로 인해 클립 화면 내용에 따라 재생 속도가 변하는 시점에서 순식간에 속도가 변하기 때문에 부드럽지 않게 표출되는 경우가 있으니 작업 후 어색하지 않은지 체크해 보아야 한다.

● 완성 영상 샘플 : CD - 완성 영상 샘플 - 7장 speed_quick01.mp4

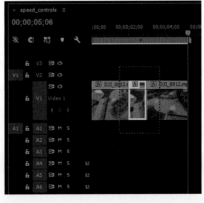

243

키 프레임을 이용하여 부드럽고 자연스럽게 재생 속도 제어하기 'Time Remapping'

Time Remapping이란 효과를 이용해도 속도를 제어할 수 있는데 Speed/Duration과의 차이점은 속도가 변경되는 구간에 가속도를 조절할 수 있다는 것이다. 보간 작용을 하는 것으로 Speed/Duration에서 클립을 분할하는 것에 반해 Time Remapping은 클립을 분할하지 않고 키 프레임을 이용하기 때문에 보다 자연스럽게 연출된다.

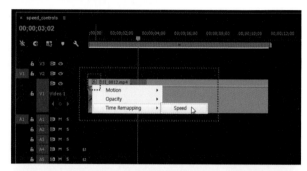

① 타임라인의 dji_0012.mp4 클립 왼쪽 상단 클립 이름 앞의 fx 에 마우스 커서를 대고 마우스 오른쪽 버튼을 클릭한다.

② 클릭하여 Time Remapping – Speed로 설정한다.

③ 그러면 클립 내부에는 속도를 조절할 수 있는 실선(Band)가 나타나고 트랙 헤더에는 키 프레임을 적용할 수 있도록 키 포인트가 활성화된다.

중앙의 실선 위치가 정상속도 100이며 실선을 위로 드래그하면 재생속도가 빨라지고 아래로 내리면 그만큼 속도가 느려진다.

④ 타임마커를 2초로 이동시킨 후 트랙 헤더의 ■■■ 를 클릭하면 2초 지점에 방패모양 같은 키 포인트가 생성된다. 마찬가지로 9초에서 ■■■ 를 클릭하여 키 포인트를 생성해준다.

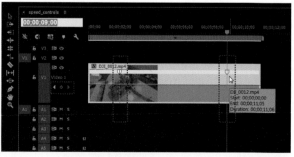

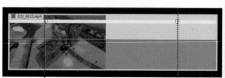

2초, 9초에 생성된 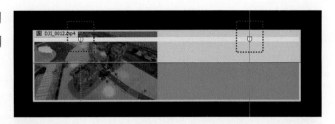은 속도가 변하기 시작하는 지점인데 두 개로 나눠서 그 구간에 속도 변화를 줄 수 있다.

2초와 9초 구간이 로 구분되면서 별도로 속도를 조절할 수 있게 된다.

중앙 실선에 마우스를 가져가면 커서 옆에 ↕이 생기는데 위, 아래로 드래그 하여 변화를 줄 수 있다.

⑤ 마우스를 위로 드래그하면 클립 아래쪽에 속도 증가율(%)을 함께 보여준다. 700선이 될 때까지 위로 계속 드래그 한다.

⑥ 이제 속도 키 포인트를 세부적으로 조정하기 위해 클립 위에 Alt + 마우스 휠 스크롤 하여 클립을 확대 해준다.

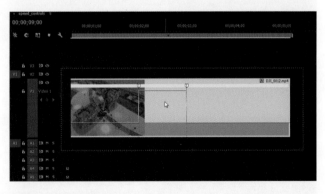

속도 키 포인트에 마우스를 가져가면 마우스커서 옆에 ↔ 가 생기며 좌우로 드래그 하여 변화치를 줄 수 있게 된다.

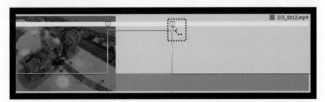

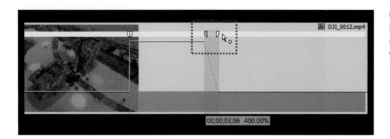

⑦ 속도 키 포인트를 선택 후 좌로 드래그 하면 속도 키 포인트가 분리되면서 속도 변화를 제어할 수 있는 구역이 생긴다.

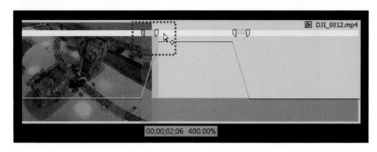

⑧ 2초 부분의 속도 키 포인트도 함께 좌우로 드래그 하여 간격을 벌려준다.

속도 변화가 가중되는 구역으로 간격이 넓어질수록 가중 시간이 오래 걸린다. 간격이 좁으면 가중 시간만큼 급격하게 속도가 변화된다.

이제는 설정한 구역을 보다 부드럽도록 서서히 가중되고 서서히 절감되게 조절해보자.

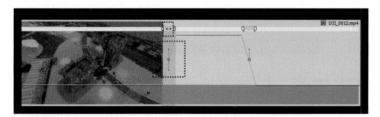

　 ▌부분을 클릭하면 가중 선형 그래프를 조정할 수 있는 커브 ┃핸들이 나타난다.

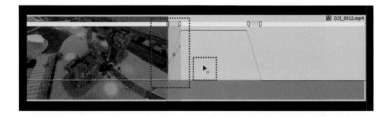

핸들을 선택 후 그대로 마우스를 드래그하면 직선형 가중 선형 그래프의 시작점, 끝점이 곡선형으로 변경된다.

속도 가중 선형 그래 프가 완만한 곡선형으 로 바뀌면서 해당 구간 이 재생될 때 부드럽게 속도가 가중된다.

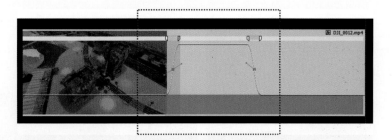

Speed/Duration 완성 영상
● 완성 영상 샘플 : CD - 완성 영상 샘플 - 7장 speed_quick01.mp4

Time Remapping 완성 영상
● 완성 영상 샘플 : CD - 완성 영상 샘플 - 7장 speed_quick02.mp4

Speed/Duration과 Time Remapping 으로 각각 만든 두 영상을 비교해보자. 재생 속도가 변하는 지점에 서 Time Remapping 으로 만든 것이 좀 더 자연스럽게 진행되는 것을 알 수 있을 것이다.

타이틀, 도형, Lumetri를 이용하여 인트로 화면 만들기

● 완성 영상 : CD - 완성 영상 샘플 - 7장 intro_exam.mp4

타이틀과 색상효과, 애니메이션(액션)등을 넣어 인트로 화면을 만들어 보자.

위 인트로 영상은 POI 기법을 이용해 촬 영한 영상을 배경으로 사용하고 흰색의 불 투명도를 조정한 박스가 내려오면서 타이 틀이 시간차를 두고 나타났다가 잠시 후 형 태가 변하며 화면아웃 되는 것으로 연출했 다. 어렵지 않으니 차근차근 따라하면 할 수 있을 것이다.

① 먼저 프리미어 CC를 실행 - Wellcom 창에서 New Project 클릭

② 프로젝트 이름 : INTRO_EXAM01로 설정하고 '인트로 연습'이란 폴더를 만들어 저장위
치로 설정 후 OK 클릭

③ 프리미어 CC 가 실행된다. 이제 프로젝트 패널에
시퀀스를 설정하고 각 소스를 불러오자.

④ 프로젝트 패널 빈 공간에서 마우스 오른쪽 버튼을 클릭 – New Item – Sequence.. 클
릭 하여 시퀀스 설정창을 불러낸다.

⑤ 시퀀스 프리셋에서 AVCHD – AVCHD 1080p30 선택하고
시퀀스 명을 INTRO_exam01로 설정한 후 OK 클릭

⑥ 프로젝트 패널에 INTRO_exam01명의 시퀀스가 올라왔다.

⑦ 이제 편집에 쓰일 각 소스 클립을 불러낼 차례다.

⑧ CD – 예제 소스 – 영상 소스 – 7장 –
DJI_0012.mp4를 폴더에서 그대로 드래그 앤
드롭 하여 프로젝트 패널로 끌어온다.
마찬가지로 CD – 예제 소스 – 사운드 소스 –
West.mp3 음원 파일을 드래그 앤 드롭으로
프로젝트 패널에 끌어온다.

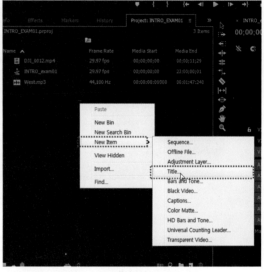

⑨ 영상 클립 소스와 오디오 소스가 올라왔다. 프로젝트 패널 빈 공간에서 마우스 오른쪽
버튼 클릭 New Item – Title을 선택하여 타이틀 설정창을 불러온다.

⑩ MEDIA CREATOR 제목을 넣기 위해 프로젝트 패널 빈 공간에서 마
우스 오른쪽 버튼 클릭 New Item – Title 선택하여 타이틀 이름을 Title
media creator로 설정하여 프로젝트 패널에 추가한다.

⑪ 이번에는 부제목인 'DRONE AERIAL CONTENTS ACADEMY' 타이틀을 넣기 위해 New Title 하여 타이틀 이름을 Title 03 DRONE aerial contents 설정하여 프로젝트 패널에 추가한다.

⑫ 필요한 소스를 프로젝트 패널에 모두 구성하였다.

⑬ 우선 흰색 박스를 만들어보자. 프로젝트 패널 Title 01_box 소스 앞쪽의 아이콘을 더블 클릭하여 Title 제작 패널을 불러온 다음 Title Tool 패널에서 ▬ (Rectangle Tool)로 타이틀 모니터 화면에서 한번 클릭 후 그대로 드래그 하여 사각형 박스를 만든다.

◀ ⑭ 타이틀 모니터에 보이는 박스의 크기는 Title Properties에서 정확히 제어할 수 있으므로 임의로 화면에 꽉 차게 크기를 잡아준 다음 Title Properties 메뉴의 Transform 하위 항목 중 Width : 1920, Height : 1080를 입력하여 정확히 화면 프레임과 일치하게 설정한다.

⑮ Align 툴로 화면 중앙에 ▶
정확히 정렬시킨다.

⑯ 영상 소스 클립 DJI_ 0012.mp4와 오디오 소스 West.mp3를 타임라인 쪽으로 드래그 하여 타임라인에 올린다.

⑰ 트랙 헤더에 마우스를 위치 시킨 후 마우스 휠을 스크롤하여 타임라인을 확대한다.

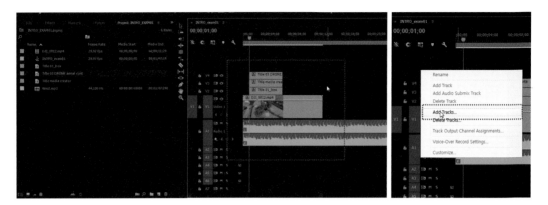

▲ ⑱ 타임마커를 1초 위치로 이동시킨 후 V2 트랙 : Title 010_box, V3 트랙 : Title media creator, V4 트랙 : Title 02 DRONE aerial contents를 타임라인에 배치한다(V4 비디오 트랙은 Add track으로 추가 생성했다).

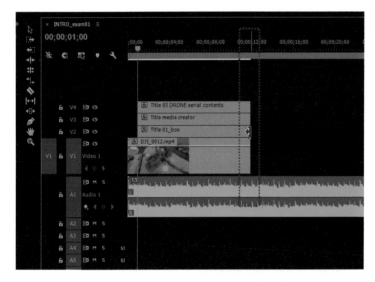

⑲ 타이틀 클립을 모두 1초~12초 길이까지 늘려준다.

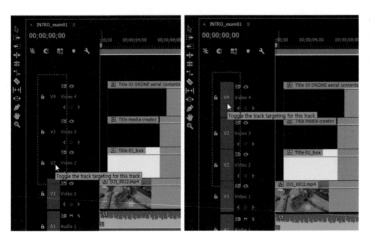

⑳ V2, V3, V4 트랙 헤더에서 트랙 번호를 한 번씩 클릭하여 트래킹 기능이 활성화 되도록 한다. 트래킹 기능이 활성화(트랙 번호가 파란색으로 채워짐)되면 타임라인에서 타임마커를 클립들의 앞뒤로 쉽고 빠르게 이동할 수 있다.

㉑ 타임마커를 타임코드 입력창에 00;00;00;00 입력하여 0초에 위치시킨 후 타임라인의 DJI_0012.mp4 선택한다. 그리고 Effect controls 패널 Opacity 의 🕐 을 한번 클릭하여 키 프레임을 주고 Opacity에 0을 입력한 후 다시 00;00;00;25 위치 Opacity에 100을 입력한다.

이렇게 되면 DJI_0012.mp4 클립은 영상 시작(0초)에서 1초가 되기 직전(25프레임)까지 페이드 인 효과로 연출된다.

▲ ㉒ 이번엔 DJI_0012.mp4 영상에 Lumetri 색상을 변경해보자.

㉓ Window – Lumetries Color 선택하여 Lumetries Color 패널 을 불러온다.

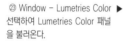

▲ ㉔ 타임라인의 DJI_0012.mp4를 선택 후 Lumetries에서 다음과 같이 설정한다. Input LUT : D-21_delogC_E10200_ B1 프리셋으로 지정한다.

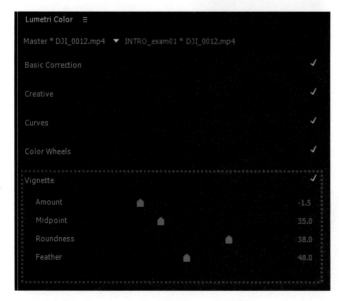

㉕ 다음 Vignette 설정을 아래와 같이 한다.
Amount : −1.5 Midpoint : 35
Roundness : 38 Feather : 48

Title 01_box에 대해 애니메이션을
다음과 같이 설정한다.

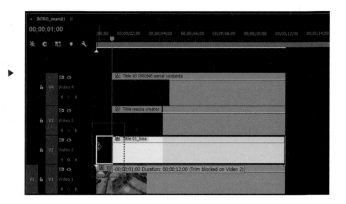

㉖ Title 01_box 클립을 트림을 이용해서 길이를 영상 처
음 부분부터 나오도록 연장하여 영상 시작 부분까지 늘
려준다. DJI_0012.mp4와 재생 길이가 같도록 조정하는
것이다.

㉗ 타임라인의 Title 01_box 클립을 한번 클릭하여 선택한
후 Effect Controls 패널에서 다음과 같이 설정한다.

- Position -
0초(00;00;00;00, 영상시작부) : 960, -300
1초(00;00;01;00) : 960, 0

- Scale Height -
5.25초(00;00;05;25) 100
6.05초(00;00;06;05) 0

- Scale Width -
5.15초(00;00;05;15) 100
5.25초(00;00;05;25) 0

- Opacity -
0초(00;00;00;00) 0
1초(00;00;01;00) 50
blend mode : Lighten

※ Scale 조정 시 가로와 세로 값을 별도로
조정할 수 있는데 이때는 Scale 설정 메
뉴 아래쪽의 Uniform Scale을 체크 해
제하면 Height(세로)와 Width(가로)를
별도로 지정할 수 있다.

Uniform Scale 체크 : 같은 비율로 조정 / Uniform Scale 체크 해제 : 가로, 세로 별도 조정

타임라인에서 플레이시켜 보면 영상 시작과 함께 흰색창이 위에서 아래로 화면
중간까지 내려온 후 후반에 형태가 줄어들었다가 사라지는 것을 볼 수 있다.

이번에는 Title Media creator 타이틀 클립으로 타이틀을 넣고 다음과 같이 설정한다.

① 어느 정도 작업을 마친 DJI_0012.mp4 클립과 Title 01_box 클립이 다른 작업 시 영향을 받지 않게 하기 위해 트랙 헤더의 🔒 를 클릭하여 잠가 둔다.
그리고 타임코드에 00;00;01;00 입력하여 타임마커를 1초로 이동시킨다.

② 프로젝트 패널의 Title media cretor 타이틀 소스 이름 앞 아이콘을 두 번 클릭하여 타이틀 패널을 불러낸다.

③ 다음과 같이 설정한다.
문장명 : MEDIA CREATOR
        (대문자)
폰트 : HY견고딕, Extra
폰트 크기 : 100
폰트 컬러 : 진한 레드(와인컬러)
(폰트종류는 자유롭게 정해도 된다.)

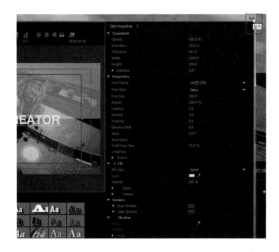

④ 타이틀 설정을 완료하고 나서 타이틀 패널 창의 닫기를 클릭하면 해당 설정이 자동으로 지정된다.

⑤ 이제 Title media cretor 타이틀에 키 프레임을 입혀보자. Title media cretor 타이틀 클립이 선택된 상태에서 Effect Controls창에서 다음과 같이 설정한다.

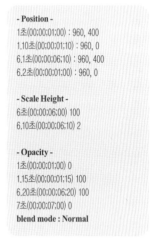

- Position -
1초(00;00;01;00) : 960, 400
1.10초(00;00;01;10) : 960, 0
6.1초(00;00;06;10) : 960, 400
6.2초(00;00;01;00) : 960, 0

- Scale Height -
6초(00;00;06;00) 100
6.10초(00;00;06;10) 2

- Opacity -
1초(00;00;01;00) 0
1.15초(00;00;01;15) 100
6.20초(00;00;06;20) 100
7초(00;00;07;00) 0

blend mode : Normal

다음으로 부제목으로 사용할 Title 03_DRONE aerial contents 타이틀을 제작해보자.

⑥ 프로젝트 패널에서 Title 03_DRONE aerial contents 클립 앞 아이콘을 더블 클릭하여 타이틀 패널을 불러낸다.

⑦ 타이프 툴로 'Drone Aerial Contents Academy'를 입력하고 다음과 같이 설정한다.
폰트 : HY그래픽, Regular
폰트크기 : 50
폰트 컬러 : White(화이트)

⑧ 이제 Drone Aerial Contents Academy에 애니메이션을 적용해보자. 타임라인에서 Title 03_DRONE aerial contents 클립을 한번 선택 후 Effect Controls 패널에서 다음과 같이 설정한다.

- Position -
1초(00;00;01;00) : 960, 480
2초 (00;00;02;00) : 960, 650

- Opacity -
1.15초(00;00;01;15) 0
2초(00;00;02;00) 100
7초(00;00;07;00) 100
9초(00;00;09;00) 0
blend mode : Normal

⑨ 마지막으로 West.mp3 음원 클립을 12초에서 Razor 툴로 잘라주고 나머지 뒷부분은 삭제한다.

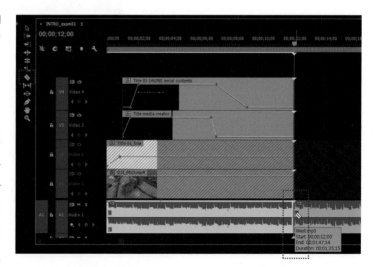

　이제 타임라인에서 재생해보면 공원 영상을 배경으로 불투명도가 50%인 흰색의 박스가 출연하고 순차적으로 타이틀이 위에서 아래로 생성되었다가 후반부에서 사라지는 것을 볼 수 있을 것이다.

프로그램 모니터에서 프리뷰한 후 이상이 없다면 Export 시켜보도록 하자.

⑩ File – Export – Media 클릭하여 Export
Settings 창을 불러온다.

⑪ Export Settins을 다음과 같이 설정하고 Queue를 클릭한다.
Format : H.264
Preset : Custom
Output Name : 자율지정
Export Video & Export Audio 모두 체크
Bitrate Encoding : VBR, 2pass
Target Bitrate : 50 (Target Bitrate를 지정하면 Maximum Bitrate도
함께 지정된다.)
Use Maximum Render Quality 체크

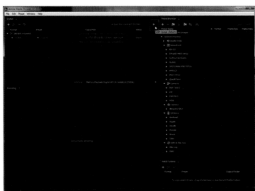

⑫ 어도비 미디어 인코더에서 파일명과 위치 등을 확인한 후 Start Queue를
실행한다.

⑬ 렌더링이 시작되고 완료되면 지정된 위치에 영상 클립이 생성된다.

◉ 완성 영상 샘플 : MEDIA CD – 완성 영상 샘플 – 7장 intro_exam.mp4

MEMO

✏️ MEMO

드론촬영
편집실무

발 행 일 2018년 6월 10일 개정판 1쇄 발행
2020년 6월 10일 개정판 3쇄 발행

저　　자 김양희

발 행 처

발 행 인 이상원

신고번호 제 300-2007-143호

주　　소 서울시 종로구 율곡로13길 21

대표전화 02) 745-0311~3

팩　　스 02) 766-3000

홈페이지 www.crownbook.com

I S B N 978-89-406-3593-3 / 03550

특별판매정가 25,000원